厄瓜多尔 CCS 水电站水力学及泥沙试验研究

赵连军　武彩萍　李远发　朱　超　编著
宋莉萱　任艳粉　吴国英

黄河水利出版社

·郑州·

内 容 提 要

本书介绍了厄瓜多尔 Coca Codo Sinclair(科卡科多·辛克雷)水电站工程水力学及泥沙问题模型试验研究成果,包括首部枢纽整体水工模型、首部枢纽悬沙模型、首部枢纽沉沙池模型、调蓄水库模型和7#沉沙池单体模型。对工程涉及的水力学和泥沙问题进行了大量研究论证,如溢流坝和冲沙闸的下游消能防冲、引水口前淤积漏斗形态、冲沙闸冲沙效果、沉沙池沉沙效果、沉沙池冲沙系统的冲沙效果、输水隧洞进口水面衔接体形优化、输水隧洞出口消能、调蓄水库及电站压力管道进口流态与流速分布等。

本书可供从事水电站枢纽设计、水力学及泥沙模型试验等工作科技人员及高等院校相关专业师生阅读参考。

图书在版编目(CIP)数据

厄瓜多尔 CCS 水电站水力学及泥沙试验研究/赵连军
等编著. —郑州:黄河水利出版社,2018.11
　ISBN 978 - 7 - 5509 - 1730 - 9

Ⅰ.①厄…　Ⅱ.①赵…　Ⅲ.①水力发电站 - 水力学 - 研究 - 厄瓜多尔 ②水力发电站 - 水库泥沙 - 试验 - 研究 - 厄瓜多尔　Ⅳ.①TV74

中国版本图书馆 CIP 数据核字(2018)第 281724 号

组稿编辑:王路平　电话:0371 - 66022212　E-mail:hhslwlp@ 126. com

出版社:黄河水利出版社　　　　　　　　　　网址:www. yrcp. com
　　地址:河南省郑州市顺河路黄委会综合楼 14 层　邮政编码:450003
发行单位:黄河水利出版社
　　发行部电话:0371 - 66026940、66020550、66028024、66022620(传真)
　　E-mail:hhslcbs@ 126. com
承印单位:河南新华印刷集团有限公司
开本:787 mm×1 092 mm　1/16
印张:16. 25
字数:380 千字
版次:2018 年 11 月第 1 版　　　　　　　　　印次:2018 年 11 月第 1 次印刷

定价:60. 00 元

前　言

Coca Codo Sinclair(科卡科多·辛克雷)水电站是厄瓜多尔最重要的基础设施工程，水电站总装机容量150万kW，年发电量88亿kW·h。水电站建成后满足厄瓜多尔全国1/3人口的电力需求。水电站主要由首部枢纽（包括挡水坝、溢流坝、冲沙闸、引水闸、沉沙池等）、输水隧洞、调蓄水库、电站系统等组成。工程由中国水利水电建设集团公司承建，黄河勘测规划设计有限公司负责设计。该水电站枢纽系统结构复杂，不仅涉及水力学问题，还涉及泥沙问题。为了配合工程设计工作，黄河水利科学研究院对该工程进行了系统的试验研究。分别建造了首部枢纽1:100整体水工模型、1:40枢纽悬沙模型、1:20沉沙池模型、1:40水电站调蓄水库水工模型和新增7#沉沙池单体模型。通过模型试验，对溢流坝和冲沙闸的泄流规模、下游消能防冲和建筑物体形优化进行了研究论证；对取水口前引渠内淤积形态、引水口前漏斗形态、冲沙闸冲沙效果、排沙管的排沙效果以及冲沙闸运用时对取水口进流的影响等进行了深入研究；对沉沙池的出口水流与输水隧洞进口水面的衔接、沉沙池沉沙效果、沉沙池冲沙系统的冲沙效果等进行了系统研究；对输水隧洞出口消能、水库及电站压力管道进口流态与流速分布、压力管道压力等进行了详细研究；对沉沙池新增7#沉沙池的取水闸不同闸门开度时沉沙池流态、流速分布、排沙廊道冲沙流量及冲沙系统的冲沙效果等进行了大量对比研究。试验提出的将溢流坝和冲沙闸下游消力池加深加长方案、推荐的溢流坝与冲沙闸之间上游导墙体形以及取消冲沙闸闸孔之间上游导墙和增加下游的消力池之间导墙方案、沉沙池的进口增设整流栅及整流栅体形、沉沙池加长方案、输水隧洞进口体形、隧洞出口下游增加消力池消能方案及消力池体形等多项建议被采纳。为工程设计工作深入和优化提供了可靠的试验依据。

本书由赵连军、武彩萍、李远发、朱超、宋莉萱、任艳粉、吴国英编著。自2010年10月黄河水利科学研究院承接该项目以来，配合设计工作，共提出试验研究报告5份，试验研究成果为设计方案深入和优化提供了科学依据。试验研究历时4年，先后参加人员很多，主要参加人员有黄河水利科学研究院武彩萍、李远发、陈俊杰、赵连军、王仲梅、宋莉萱、吴国英、朱超、任艳粉、郭慧敏、王万战、罗立群、王嘉仪、王德昌等，黄河勘测规划设计有限公司杨顺群、郭莉莉、郑春州、刘许超、耿波、袁志刚、李志乾、孙全胜、郭选英、史仁杰等。在此，对为本书做出贡献的全体研究人员表示感谢！本书的出版得到了"十三五"国家重点研发计划项目课题"淤损水库库容恢复及淤积物处理利用技术与示范"（2017YFC0405204）的资助。

由于编写时间仓促，书中不足之处在所难免，恳请读者批评指正。

作　者

2018年8月

目 录

第 1 章　CCS 水电站工程概况及模型介绍

1.1　CCS 水电站工程概况

Coca Codo Sinclair(简称 CCS)水电站为引水式电站,位于南美洲厄瓜多尔南部 Napo 省与 Sucumbios 省交界处,首部枢纽位于 Quijos 和 Salado 两河交汇处,距首都基多公路约 130 km,电站位于 Codo Sinclair,位置见图 1-1。CCS 水电站总装机容量 1 500 MW,工程建成后,将成为国家电网的骨干电源,多年平均发电量 88 亿 kW·h,该电站提供厄瓜多尔国 70%的电力。

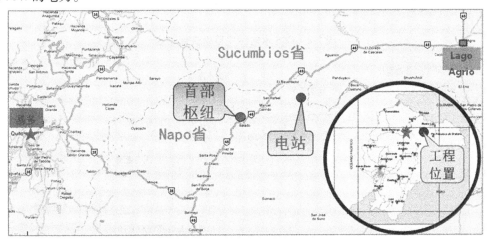

图 1-1　CCS 水电站位置

CCS 水电站主要建筑物包括首部枢纽(含面板坝、溢流坝、沉沙池及取水口)、输水隧洞、调蓄水库、压力管道、地下厂房等,其布置如图 1-2 所示。

电站引水从首部枢纽取水口经沉沙池,再通过 1 条输水隧洞到达位于 Coca 河右岸支流 Granadillas 溪上的调蓄水库。压力管道进口位于调蓄水库右岸,电站采用一洞四机布置方式,厂房为地下厂房,厂房下游接电站尾水洞。CCS 水电站引水系统示意图如图 1-3 所示。

首部枢纽由面板堆石坝、溢流坝、冲沙闸、取水口及沉沙池组成,水库正常蓄水位 1 275.50 m,200 年一遇洪水设计,万年一遇洪水校核,200 年一遇洪峰流量 6 020 m³/s,万年一遇洪峰流量 8 900 m³/s,相应水位 1 284.25 m;灾难性洪水洪峰流量 15 000 m³/s,相应水位 1 288.30 m。

溢流坝坝顶高程 1 289.50 m,坝顶长度 270.00 m,共设 8 个开敞式表孔。右侧设 3 个

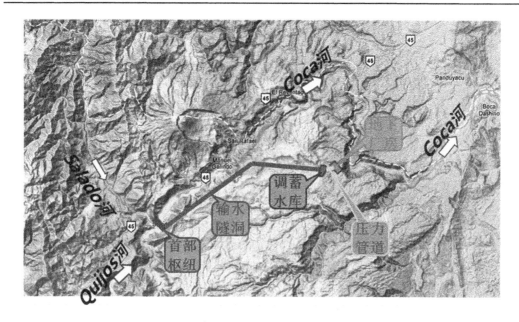

图 1-2　CCS 水电站主要建筑物布置

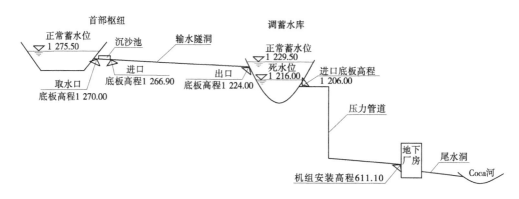

图 1-3　CCS 水电站引水系统示意图　（单位：m）

冲沙闸,溢流坝与冲沙闸之间设置导墙。电站取水口布置于溢流坝右侧,紧邻冲沙闸,取水口轴线与溢流坝轴线夹角呈 70°。取水口进口前缘总长度 63.60 m,共设 12 个进水孔。取水口进口下部设置 4 条排沙管,排沙管进口底板高程 1 263.00 m,排沙管进口闸门后接弯管,弯曲半径 35.00 m,转角 60°,之后接直管段通至平板门冲沙闸消力池,出口方向与消力池轴线夹角成 25°,出口底板高程 1 254.00 m。4 条排沙管长度分别为 146.82 m、124.94 m、106.42 m、84.54 m,管道尺寸 1.50 m×1.50 m,进出口各设一道滑动门,控制闸门启闭。取水口下游接沉沙池,沉沙池为连续冲洗式沉沙池,沉沙池工作流量 222.00 m³/s,沉沙池共布置 6 条。从沉沙池出来的水流通过静水池调整后再进入输水隧洞,隧洞长 24 km,水流经输水隧洞至调蓄水库。首部枢纽平面布置如图 1-4 所示。

　　调蓄水库位于 Coca 河右岸支流 Granadillas 溪上,调蓄水库坝址以上控制流域面积 7.2 km²,多年平均径流量 0.99 m³/s。调蓄水库由面板堆石坝、溢洪道、导流兼放空洞、电

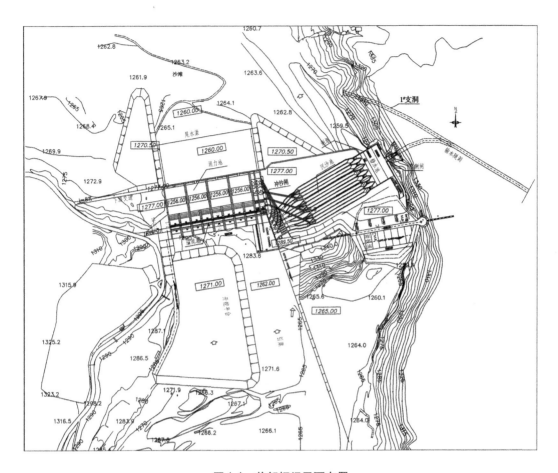

图 1-4　首部枢纽平面布置

站进水塔组成。输水隧洞出口位于库区左岸接近库尾,压力管道进口塔架位于库区右岸,与放空洞塔架并排布置。调蓄水库平面布置见图 1-5。水库最高洪水位 1 231.85 m,水库正常蓄水位 1 229.50 m,死水位 1 216.00 m。根据电站运行要求,调蓄水库为日调节水库,调节库容 88 万 m^3,4 h 内水位将从正常蓄水位降到死水位。水位在 1 229.50 ~ 1 216.00 m 之间的天然库容只有 50.7 万 m^3,其余部分库容需要靠开挖获得。

CCS 水电站首部枢纽 Salado 水库坝址位于 Quijos 河与 Salado 河交界下游 1 km 处,如图 1-6 所示,该河洪水由暴雨产生,汇流速度较快,洪水历时一般在 3 d 以内。

流域内以山地为主,分布着众多火山,终年被冰川和积雪覆盖。流域泥沙以悬移质为主,水库多年平均输沙量 1 211.6 万 t,悬移质输沙量为 932 万 t,多年平均悬移质含沙量为 1.01 kg/m^3。首部枢纽年均淤积量为 466 万 t,水库淤满年限不足 3 年。首部枢纽处理泥沙主要采取冲沙闸、排沙管排沙以及沉沙池沉沙等措施。

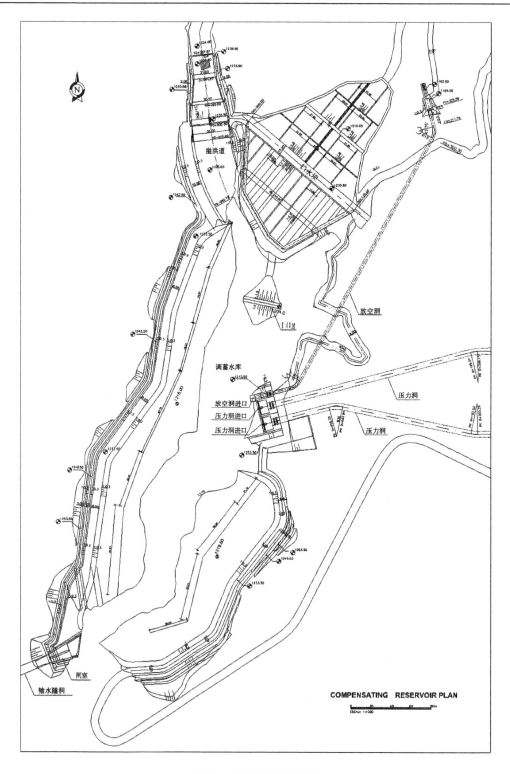

图 1-5 调蓄水库平面布置

图 1-6　CCS 水电站首部枢纽 Salado 水库坝址

1.2　CCS 水电站模型概况

　　厄瓜多尔 CCS 水电站工程包括首部枢纽溢流坝、冲沙闸、引水闸、沉沙池、输水隧洞、调蓄水库、电站系统等,水力学及泥沙问题复杂。为检验各建筑物设计的合理性,开展了模型试验研究。根据工程特点,建立了 4 个独立模型,每个模型研究的侧重点不同。第一个模型是首部枢纽整体水工模型,模型比尺 1∶100,主要研究溢流坝和冲沙闸的泄流能力、布置及消能防冲等方面内容。第二个模型是厄瓜多尔 CCS 水电站首部枢纽悬沙模型,模型比尺 1∶40,研究取水口前引渠内淤积形态,观测引水口前冲刷漏斗形态,研究冲沙闸和排沙管的冲沙效果以及对取水口进流的影响等。第三个模型是 1∶20 首部枢纽沉沙池模型,研究沉沙池沉沙和排沙效果、沉沙池出口水流与输水隧洞进口水面的衔接等。第四个模型是水电站调蓄水库模型,模型比尺 1∶40,主要研究输水隧洞出口消能、水库及电站压力管道进口流态与流速分布等。第五个模型是 1∶20 7#沉沙池单体模型,研究沉沙池进出口段、沉沙池池身段的流态、水面线、流速分布和沉沙池不同淤积厚度时,沉沙池进出口段、沉沙池池身段的流态、水面线、流速分布;观测沉沙池冲沙系统的冲沙流量、沉沙池的冲沙效果和排沙廊道的排沙效果等。

第2章 CCS水电站首部枢纽 整体水工模型试验

2.1 溢流坝及冲沙闸具体布置

厄瓜多尔 CCS 水电站首部枢纽主要泄水建筑物是溢流坝和冲沙闸。溢流坝共设 8 个开敞式表孔,表孔单孔净宽 20 m,堰顶高程 1 275.50 m;溢流坝右侧与冲沙闸之间的导墙长度为 60 m,顶部高程 1 275.50 m。冲沙闸孔口尺寸分别为 1 孔弧形门闸孔 8.00 m × 8.00 m、2 孔平板门闸孔 4.50 m × 4.50 m,进口底板高程均为 1 260.00 m。两个冲沙闸闸前导墙长度 20 m,导墙顶部高程为 1 275.50 m。下游消力池池深 4.50 m,底板顶面高程 1 255.50 m,池长 57.91 m。溢流坝及冲沙闸平面布置如图 2-1 所示,溢流坝剖面图如图 2-2 所示。弧形门冲沙闸剖面图如图 2-3 所示,平板门冲沙闸剖面图如图 2-4 所示。

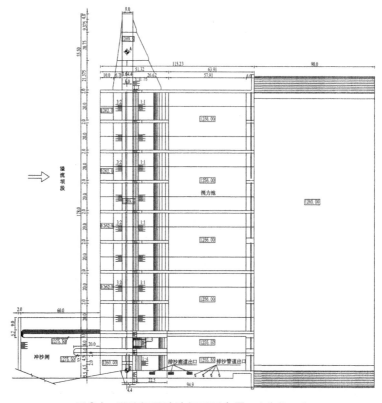

图 2-1 溢流坝及冲沙闸平面布置 (单位:m)

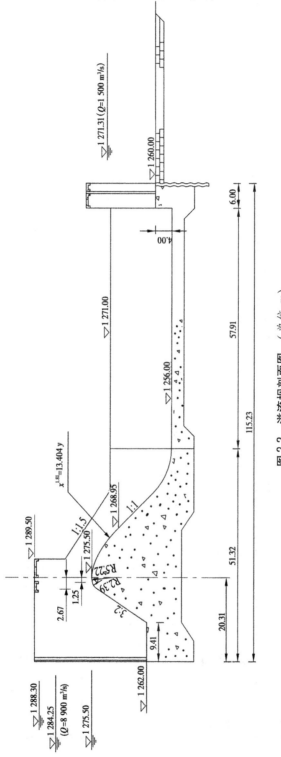

图 2-2　溢流坝剖面图　（单位：m）

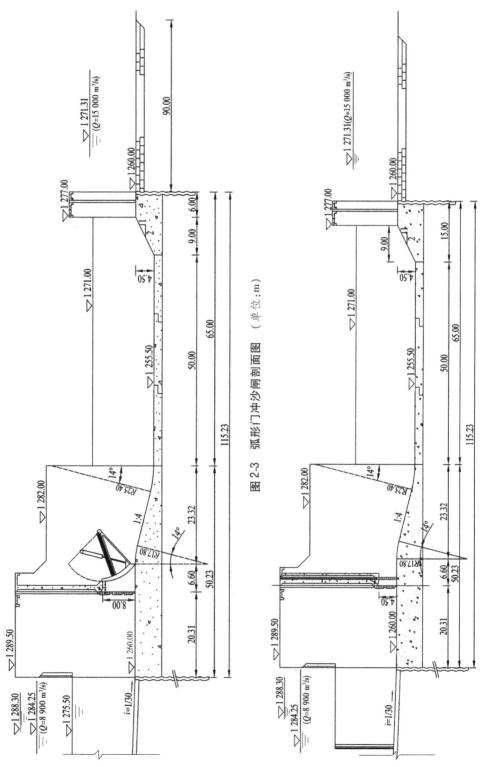

图 2-3 弧形门冲沙闸剖面图 （单位：m）

图 2-4 平板门冲沙闸剖面图 （单位：m）

2.2　研究意义及目的

通过模型试验验证溢流坝及冲沙闸的过流能力,分析上游河道淤积对溢流坝及冲沙闸过流能力的影响,验证溢流坝及冲沙闸下游消能防冲设计的合理性。具体试验任务如下:

(1)量测溢流坝及冲沙闸水位—流量关系;

(2)观测不同库水位下溢流坝及冲沙闸上下游流态、流速分布;

(3)量测不同库水位下溢流坝及冲沙闸堰面压力;

(4)量测不同库水位下溢流坝及冲沙闸下游冲刷深度和范围,提出防冲措施。

2.3　模型设计

根据模型的试验任务要求和《水工(常规)模型试验规程》(SL 155—1995),模型采用正态,应满足几何形态相似、水流运动相似和水流动力相似,遵循重力相似准则,即模型与原型弗劳德数应保持相等。

重力相似:
$$\lambda_v = \lambda_L^{1/2} \tag{2-1}$$

阻力相似:
$$\lambda_n = \lambda_L^{\frac{1}{6}} \tag{2-2}$$

水流连续性相似:
$$\lambda_{t_1} = \lambda_L / \lambda_v = \lambda_L^{\frac{1}{2}} \tag{2-3}$$

$$\lambda_Q = \lambda_v \lambda_L^2 = \lambda_L^{\frac{5}{2}} \tag{2-4}$$

式中:λ_L 为水平比尺;λ_v 为流速比尺;λ_Q 为流量比尺;λ_n 为糙率比尺;λ_{t_1} 为水流运动时间比尺。

此外,为保证模型与原型水流流态相似,模型水流必须满足紊流状态,模型表面流速宜大于2~3 cm/s,水深不宜小于3 cm。

2.3.1　模型比尺确定

对照试验任务和《水工(常规)模型试验规程》(SL 155—1995),根据试验场地、设备、供水量和量测仪器精度等条件,几何比尺取1:100,溢流坝及冲沙闸模型主要比尺见表2-1。

表2-1　溢流坝及冲沙闸模型主要比尺

相似条件	比尺名称	比尺	依据
几何形态相似	水平比尺 λ_L	100	试验任务要求及场地条件
水流运动相似	流速比尺 λ_v	10	式(2-1)
	流量比尺 λ_Q	100 000	式(2-4)
水流阻力相似	糙率比尺 λ_n	2.15	式(2-2)

在本书中涉及脉动压力特性,其相关比尺也是根据弗劳德相似定律推导出来的,其中

脉动压力相似比尺 $\lambda_p = \lambda_L = 100$，脉动压力频谱密度相似比尺 $\lambda_S = \lambda_L^{2.5} = 10^5$，脉动压力频率相似比尺 $\lambda_f = \lambda_t^{-1} = \lambda_L^{-1/2} = 0.1$。

溢流坝与冲沙闸采用有机玻璃制作，其糙率为 0.008，相当于原型糙率 0.017 2，略大于原型糙率(0.014～0.016)，由于该模型所涉及的流段较短，水头损失以局部损失为主，边界糙率对试验结果影响很小。

2.3.2 模型范围及模型制作

该模型包括 8 孔溢流坝段、3 孔冲沙闸、下游消力池、护坦及一部分河道，溢流坝上游河道模拟长度 500 m，消力池下游河道模拟长度 500 m，包括溢流坝及消力池总计 1 200 m，模拟宽度 200～300 m。模型长度×宽度为 12 m×4 m。

溢流坝和冲沙闸采用有机玻璃制作，上游库区和下游河道采用水泥砂浆粉制。模型整体布置见图 2-5。

图 2-5　模型整体布置

模型进口流量用电磁流量计控制，库水位和堰面压力用玻璃连通管量测，流速采用 Ls－401 型流速仪(微型螺旋桨流速仪)测读，采用摄像技术进行流态、流场描述。

2.4　溢流坝原设计方案试验

2.4.1　泄流能力

在水库建成初期，库区未产生淤积条件下，分别对 8 孔溢流坝的水位—流量关系进行了量测，关系曲线见图 2-6，图 2-6 中库水位为溢流坝上游 220 m 处断面水位，未计入流速水头。试验结果表明,试验值大于设计值 5% ~ 13%。

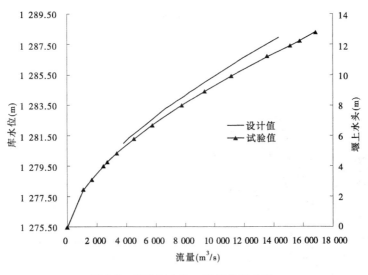

图 2-6　溢流坝水位—流量关系曲线

2.4.2　坝前淤积对溢流坝泄流能力的影响

　　根据设计计算分析,水库建成后不足 3 年可能淤满,为了研究坝前淤积对溢流坝泄流能力的影响,将坝前铺设成动床,对溢流坝的水位—流量关系进行了量测。设计提供库区淤积物起动流速 0.45 m/s。由于坝前淤积泥沙起动难易程度与固结历时、固结过程等有关,因此要想准确模拟坝前泥沙起动是很困难的,同时考虑到原型泥沙淤积资料匮乏,根据以往经验,模型采用略大于设计单位提供淤积物起动流速 0.45 m/s 的天然沙模拟坝前淤积物,天然沙级配如图 2-7 所示,中值粒径为 0.286 mm,起动流速为 0.5 m/s,模型沙起动流速偏大,淤积物不容易被冲走,淤积物对溢流坝泄流的影响成果偏于安全。

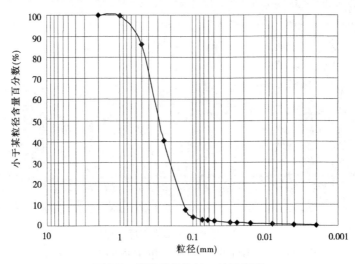

图 2-7　模拟淤积物的天然沙级配

　　首先将坝前铺设至 1 275. 50 m 高程,见图 2-8,开始放小流量,水流稳定后,逐渐加大流量。试验结果表明,坝前淤积对溢流坝过流能力是有影响的,坝前淤积可导致溢流坝过流能力减小,随着库水位的升高、泄流能力的增大,淤积物逐渐被冲走,影响越来越小,图 2-9 为放水结束后坝前库区地形。在库水位较低时,闸前行近流速较小,坝前淤积物未被淘刷,溢流坝堰型接近宽顶堰,溢流坝的过流能力就小,随着库水位的升高,行近流速加大,坝前淤积物逐渐被淘刷冲走,溢流坝堰型恢复为实用堰,过流能力逐渐增大。

图 2-8　放水前库区淤积地形

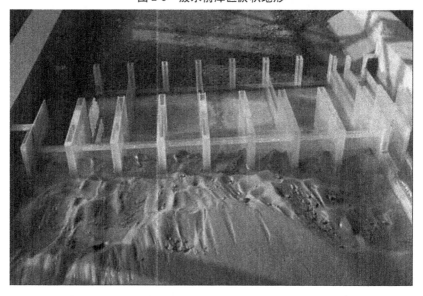

图 2-9　放水结束后坝前库区地形

　　图 2-10 为坝前产生淤积后溢流坝水位—流量关系曲线,可以看出,水库淤积后,溢流坝的过流能力略有减小,可以满足设计要求。

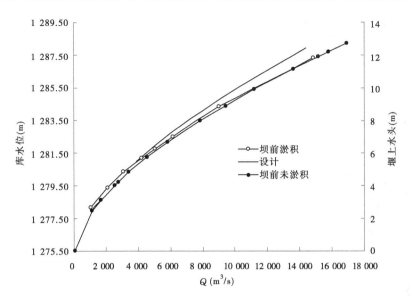

图 2-10　坝前产生淤积后溢流坝水位—流量关系曲线

根据模型实测流量,采用式(2-5)反求堰上水头—流量系数关系曲线(见图 2-11)。可以看出,不管溢流坝前是否淤积,其流量系数随堰上水头的升高而增大。

$$m = Q/(B\sqrt{2g}H^{3/2}) \tag{2-5}$$

式中:Q 为流量;m 为流量系数;B 为堰孔总净宽;H 为堰上水头。

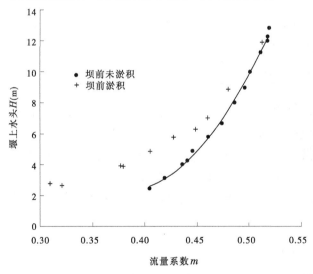

图 2-11　溢流坝堰上水头—流量系数关系曲线

2.4.3　压力分布

在溢流坝段堰面和消力池内布置了多个测点,各测点的位置及压力见表 2-2。

表2-2　溢流坝沿程各测点的位置及压力

编号		桩号	高程(m)	压力(mH₂O)			
				50 年一遇 $Q = 4\,970\ \mathrm{m^3/s}$	200 年一遇 $Q = 6\,020\ \mathrm{m^3/s}$	万年一遇 $Q = 8\,900\ \mathrm{m^3/s}$	灾难性洪水 $Q = 15\,000\ \mathrm{m^3/s}$
堰面	1	0 - 010.80	1 262.20	19.73	20.33	22.23	25.33
	2	0 - 006.88	1 268.10	13.71	14.41	16.21	19.21
	3	0 - 002.67	1 274.40	5.93	6.13	6.13	5.93
	4	0 + 000.00	1 275.50	2.38	2.28	1.48	- 0.72
	5	0 + 003.10	1 274.90	1.76	1.66	1.26	- 0.34
	6	0 + 006.10	1 273.50	1.65	1.65	1.45	0.65
	7	0 + 011.85	1 269.00	0.93	1.23	1.53	1.93
	8	0 + 016.13	1 264.70	1.81	2.01	2.81	4.81
	9	0 + 020.40	1 260.40	4.79	4.99	6.49	10.09
	10	0 + 025.40	1 257.10	10.09	10.69	12.49	17.19
消力池底板	11	0 + 031.36	1 256.00	7.88	8.08	8.48	11.48
	12	0 + 041.36	1 256.00	7.88	7.88	7.58	6.78
	13	0 + 051.38	1 256.00	9.38	9.48	9.58	9.08
	14	0 + 061.43	1 256.00	10.58	10.88	11.18	11.08
	15	0 + 071.46	1 256.00	11.38	11.38	12.28	12.88
	16	0 + 081.50	1 256.00	11.88	12.28	13.78	16.88

　　试验对四级特征洪水(50 年一遇洪水 $Q = 4\,970\ \mathrm{m^3/s}$,200 年一遇洪水 $Q = 6\,020\ \mathrm{m^3/s}$,万年一遇洪水 $Q = 8\,900\ \mathrm{m^3/s}$,灾难性洪水 $Q = 15\,000\ \mathrm{m^3/s}$)的压力进行了量测,下游水位按照设计提供坝下 280 m 断面的水位—流量关系曲线(见图2-12)控制。不同特征洪水下压力见表2-2 和图2-13。由表2-2 和图2-13 可知,溢流坝遭遇设计洪水和校核洪水时,堰面上均未产生负压,当遭遇灾难性洪水时,堰面局部产生负压,最大负压值仅为 0.72 $\mathrm{mH_2O}$。

2.4.4　溢流坝脉动压力

　　脉动压力传感器采用成都泰斯特电子信息有限公司生产的 CYG400 型高频动态压力传感器。传感器输出信号通过成都泰斯特电子信息有限公司生产的 TST6300 型高速数据采集器接入计算机,由计算机自动控制采集、监测和数据处理,其测试系统框图如图 2-14 所示。测量之前,首先对压力传感器进行标定,标定结果表明,压力传感器的压力水头与输出电压之间存在良好的线性关系。根据采样定理,采样间隔 $\Delta t = 1/2f_c$(f_c 为最大分析频率),水流脉动压力频率一般在 1 ~ 50 Hz,采用 128 Hz 的采样频率,采样时间 40 s,每个

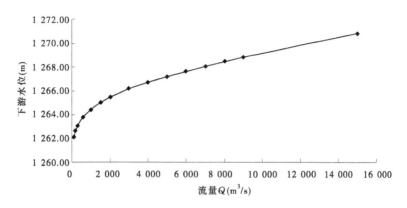

图 2-12　溢流坝下游河道水位—流量关系曲线

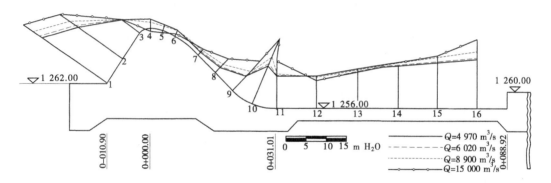

图 2-13　溢流坝沿程压力分布

测点采集数据 5 120 个,重复采样 3 次。经系统数据处理分析,计算得到最大脉动压力 P_{max}、最小脉动压力 P_{min} 标准差 σ 及自功率谱密度函数 $S(f)$,据此对脉动压力的幅值变化、优势频率范围及概率分布规律等特性进行研究。

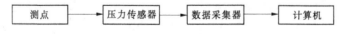

图 2-14　脉动压力测试系统框图

　　脉动压力量测点的位置、桩号和模型实测四级特征洪水时脉动压力均方根见表 2-3,测点编号与时均压力测点编号一致,见图 2-13。脉动压力测点位置的选取是根据经验并结合时均压力分布来选择的。

表 2-3　不同测点脉动压力均方根　　　　　（单位:mH_2O）

测点位置	测点编号	桩号	高程（m）	50 年一遇 $Q = 4\ 970\ m^3/s$	200 年一遇 $Q = 6\ 020\ m^3/s$	万年一遇 $Q = 8\ 900\ m^3/s$	灾难性洪水 $Q = 15\ 000\ m^3/s$
堰面	4	0 + 000.00	1 275.50	0.73	0.75	0.79	0.81
反弧段	10	0 + 025.40	1 257.10	1.85	1.59	4.31	4.01
消力池首部	12	0 + 041.36	1 256.00	1.84	2.51	1.19	1.21
消力池尾部	16	0 + 081.50	1 256.00	0.95	1.03	1.33	1.73

2.4.4.1 脉动压力幅值

脉动压力幅值特性多用脉动压力均方根描述,脉动压力均方根反映了水流紊动程度和水流平均紊动能量。图 2-15 ~ 图 2-18 为四级特征洪水各测点脉动压力波形图。试验结果表明,各部位脉动压力强度随着库水位的升高而增大,最大脉动压力出现在水跃漩滚区首部,四级特征洪水漩滚首部位置略有不同。200 年一遇设计洪水时,消力池池首断面 12# 脉动强度最大,脉动压力均方根最大约为 2. 51 mH$_2$O。在万年一遇校核洪水时,堰面反弧段 10# 脉动强度最大,最大脉动压力均方根约为 4. 31 mH$_2$O。

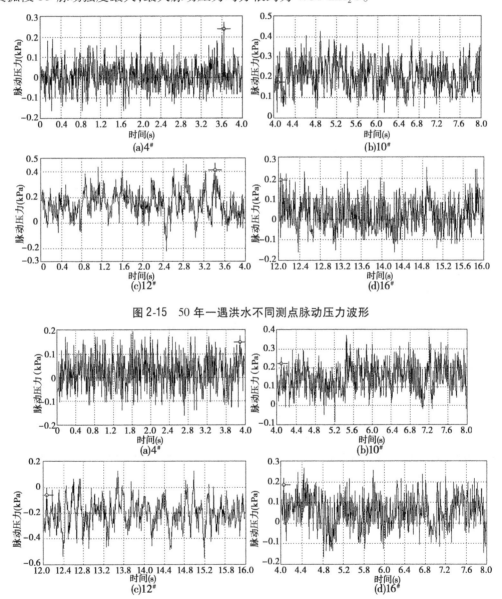

图 2-15　50 年一遇洪水不同测点脉动压力波形

图 2-16　200 年一遇洪水不同测点脉动压力波形

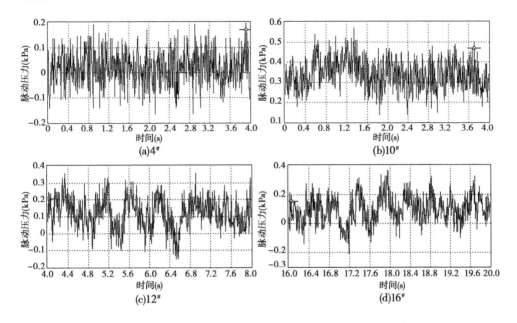

图 2-17　万年一遇洪水不同测点脉动压力波形

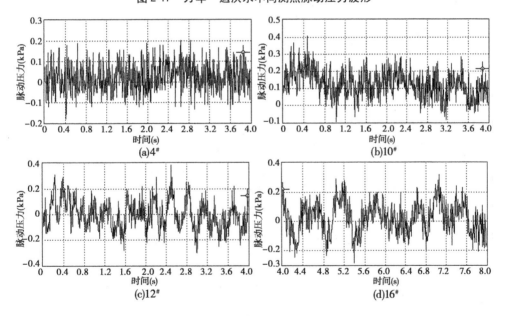

图 2-18　灾难性洪水不同测点脉动压力波形

2.4.4.2　脉动压力频谱特性

脉动压力频谱特性通常用自功率谱密度函数来表达,功率谱是脉动压力的重要特征之一,功率谱图反映了各测点水流脉动能量按频率的分布特性。分析功率谱图可以得到谱密度最大时对应的优势频率,即脉动压力能量最集中的代表频率。表 2-4 为不同测点水流脉动压力优势频率。试验结果表明,引起压力脉动的涡旋结构仍以低频为主,各测点水流脉动压力优势频率在 0.01 ~ 2 Hz(原型),能量相对集中的频率范围均在 2 Hz 以下,即各测点均属于低频脉动。图 2-19～图 2-22 为四级特征洪水各测点脉动压力频谱。

表 2-4　不同测点水流脉动压力优势频率　　　　　（单位：Hz）

测点位置	测点编号	桩号	高程（m）	50 年一遇 $Q = 4\,970$ m³/s	200 年一遇 $Q = 6\,020$ m³/s	万年一遇 $Q = 8\,900$ m³/s	灾难性洪水 $Q = 15\,000$ m³/s
堰面	4	0 + 000.00	1 275.50	0.01	0.01	0.01	0.01
反弧段	10	0 + 025.40	1 257.10	0.01	0.01	0.01	0.01
消力池首部	12	0 + 041.36	1 256.00	0.01	0.01	0.01	0.8
消力池尾部	16	0 + 081.50	1 256.00	1.8	0.01	0.01	2.0

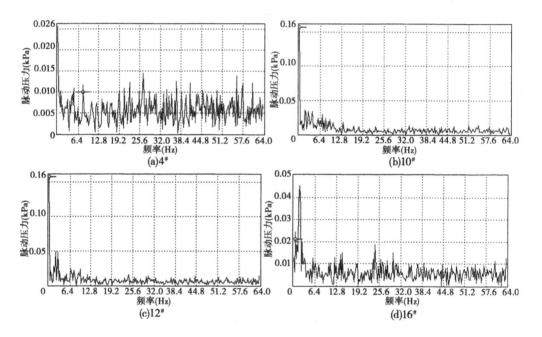

图 2-19　50 年一遇洪水各测点脉动压力频谱

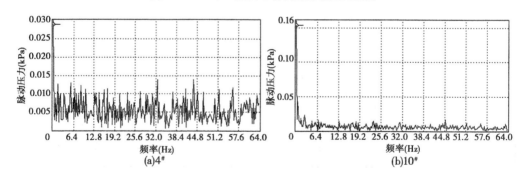

图 2-20　200 年一遇洪水各测点脉动压力频谱

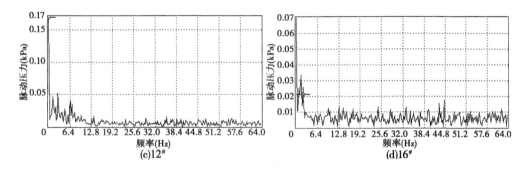

(c)12#　　　　　　　　　　　　　　(d)16#

续图 2-20

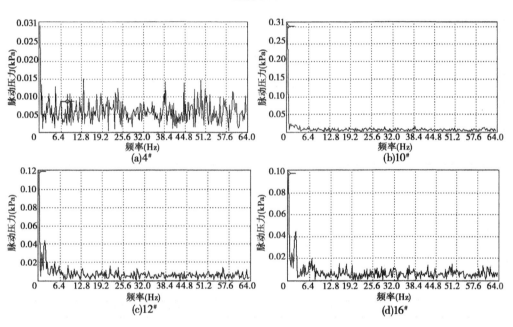

(a)4#　　　　　　　　　　　　　　(b)10#

(c)12#　　　　　　　　　　　　　　(d)16#

图 2-21　万年一遇洪水各测点脉动压力频谱

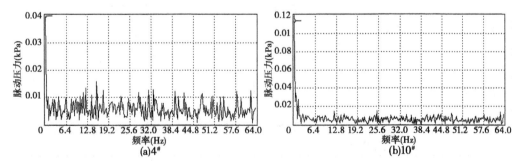

(a)4#　　　　　　　　　　　　　　(b)10#

图 2-22　灾难性洪水各测点脉动压力频谱

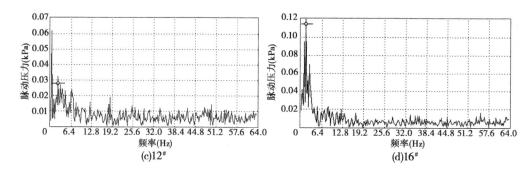

续图 2-22

2.4.4.3 脉动压力概率密度分布

水流脉动压力的最大可能振幅的取值,对泄水建筑物的水力设计和计算都具有重要的意义。但由于脉动压力是随机的,测得的极值大小与记录时段长短有关,故实际上最大可能振幅的准确值是难以确定的,试验只能得到在某概率条件下出现的极值,即只能给出概率出现的期望值,而极值的取值又与脉动压力概率密度函数分布规律有关。图 2-23 ~ 图 2-26 为四级特征洪水各测点概率密度分布,结果表明,水流脉动压力随机过程基本符合概率的正态分布(高斯分布),脉动压力最大可能单倍振幅可采用公式 $A = \pm 3\sigma$ 进行计算。

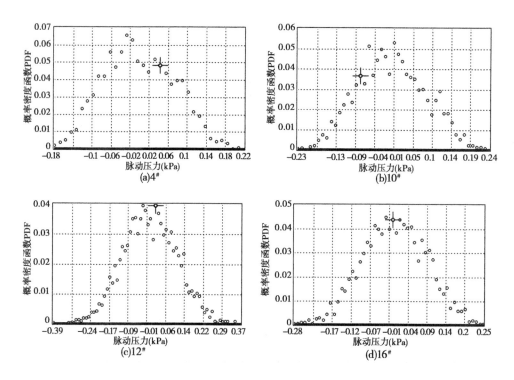

图 2-23 50 年一遇洪水各测点概率密度分布

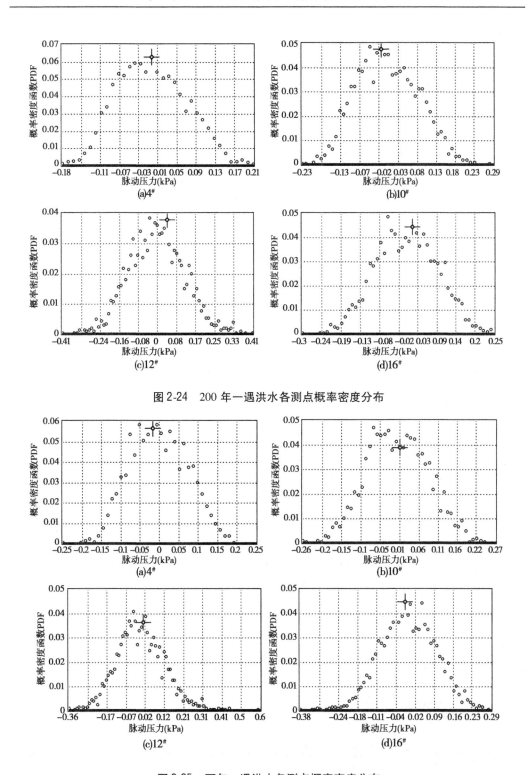

图 2-24　200 年一遇洪水各测点概率密度分布

图 2-25　万年一遇洪水各测点概率密度分布

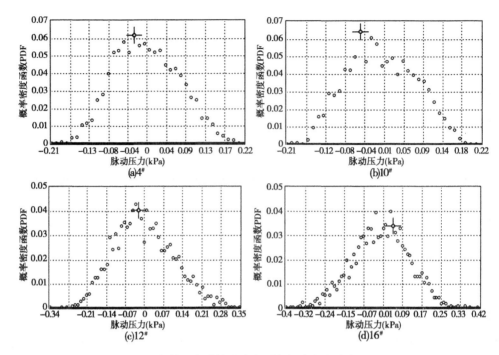

图 2-26　灾难性洪水各测点概率密度分布

2.4.5　水面线

试验量测了四级特征洪水溢流坝沿程水面线分布,不同断面水深统计于表 2-5,水面线见图 2-27 ~ 图 2-30。试验结果表明,水流进入溢流坝闸室后,由于侧向收缩,闸孔流速增大,水面降落,水深逐渐减小。水流入消力池后由急流变为缓流,形成水跃,水深又逐渐加大,出消力池至护坦,水面产生波动,随着流量的增大,水面波动幅度增大。至灾难性洪水流量级时,在下游护坦形成二次水跃,水面波动剧烈。

表 2-5　溢流坝不同断面水深　　　　　　　　　　　　　（单位:m）

断面位置	桩号	底部高程 （m）	50 年一遇 $Q=4\ 970\ \text{m}^3/\text{s}$	200 年一遇 $Q=6\ 020\ \text{m}^3/\text{s}$	万年一遇 $Q=8\ 900\ \text{m}^3/\text{s}$	灾难性洪水 $Q=1\ 5000\ \text{m}^3/\text{s}$
坝前	0 − 030.64	1 262.00	19.57	20.2	21.8	24.82
	0 − 010.90	1 262.00	19.38	20	21.54	23.9
堰顶	0 + 000.00	1 275.50	4.63	4.9	6.57	9.14
堰面	0 + 016.13	1 264.67	1.45	2.11	3.47	5
消力池首	0 + 031.01	1 256.00	5.98	6	5.08	4.5
消力池中	0 + 061.01	1 256.00	10.2	10.41	10.51	9.71
消力池尾	0 + 076.01	1 256.00	11.2	11.5	12.27	13.4
消力池坎顶	0 + 091.92	1 256.00	7.1	7.31	8.15	10.2
下游护坦上	0 + 117.92	1 260.00	6.94	7.2	8.6	7.11
	0 + 143.92	1 260.00	6.84	7.38	8.61	10.67

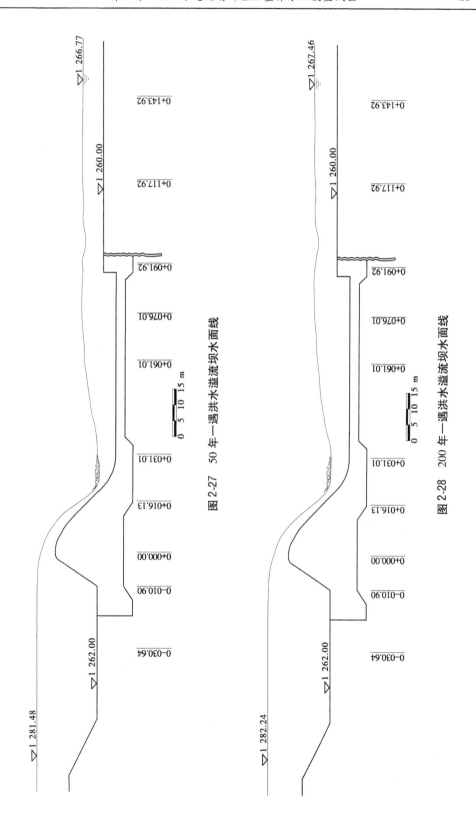

图 2-27　50 年一遇洪水溢流坝面线

图 2-28　200 年一遇洪水溢流坝面线

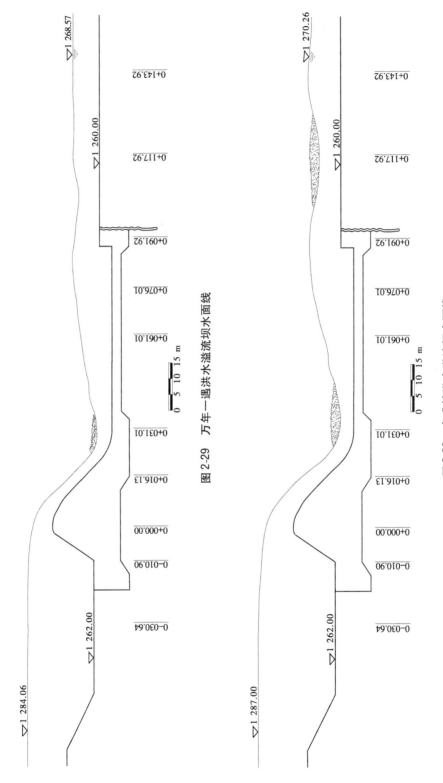

图 2-29　万年一遇洪水溢流坝流水面线

图 2-30　灾难性洪水溢流坝流水面线

2.4.6　溢流坝上下游流态与流速分布

试验对 50 年一遇流量 4 970 m³/s、200 年一遇流量 6 020 m³/s、万年一遇流量 8 900 m³/s、灾难性洪水流量 15 000 m³/s 四级特征洪水溢流坝上下游流态和流速分布进行了观测。图 2-31 ~ 图 2-34 分别为四级特征洪水条件下溢流坝上下游流态和流速分布图;图 2-35 ~ 图 2-38 为对应四级特征洪水消力池不同断面流速沿垂线分布图;图 2-39 ~ 图 2-42 为四级特征洪水流态。试验结果表明,在原始河床条件下,各级洪水时,溢流坝各孔进流均较平顺,受地形影响,库区各断面流速分布左岸略大于右岸,四级特征洪水坝轴线上游 120 m 断面最大垂线平均流速分别为 2.0 m/s、2.2 m/s、2.64 m/s、3.9 m/s。上游开挖平台(高程 1 271.00 m)边坡处流速在万年一遇洪水时仅为 2 m/s 左右,对开挖边坡稳定影响不大。消力池尾坎断面最大垂线平均流速分别为 5.62 m/s、5.98 m/s、7.67 m/s、11.21 m/s。坝轴线下 194.92 m 断面垂线最大流速分别为 4.44 m/s、4.67 m/s、5.56 m/s、7.79 m/s。溢流坝消力池下游河床主要为砂卵石层,中值粒径为 3.45 mm,抗冲流速非常小,试验量测到消力池下游各断面流速远远大于其抗冲流速,建议对其进行防护。

试验结果表明,在前三级特征洪水条件下,消力池均能形成完整水跃,消力池消能率达到 52% ~ 57%,消力池底部最大流速 17.11 ~ 21.42 m/s。当遭遇灾难性洪水时,消力池消能率只有 38%,池深明显不够,在消力池下游产生二级水跃,消力池末端流速较大。

2.4.7　下游冲刷试验

溢流坝消力池下游河床主要为砂卵石层,中值粒径为 3.45 mm,抗冲流速非常小。根据试验对四级特征洪水消力池下游各断面流速量测结果可知,消力池下游各断面流速远远大于河床砂卵石层的抗冲流速,建议对其进行防护。根据意大利 ELC 公司咨询专家的意见,采用原型直径 1 m 的石块进行防护。按几何比尺推算,模型选用直径 1 cm 石块进行全断面的铺设,至消力池尾坎断面下 250 m 处,并进行四级特征洪水冲刷量测。试验结果表明,当遭遇 50 年一遇洪水时,经过 20 h(模型 2 h)的冲刷,仅在各孔尾墩下游 10 m 范围内产生局部冲刷,最大深度约 1 m,见图 2-43。由于左侧 1# 孔出流后不能向左侧扩散,水流相对集中,下游冲刷较其他部位严重,冲刷坑范围稍大,深度略深。当遭遇 200 年一遇洪水时,下游冲刷范围和冲刷深度较 50 年一遇略有增大,冲刷范围最远延伸至 15 m,最大冲刷深度约 2 m,见图 2-44。当遭遇万年一遇洪水时,冲刷范围最远延伸至 27 m,最大冲刷深度约 4 m,见图 2-45 和图 2-46。当遭遇灾难性洪水时,冲刷范围最远延伸至 68 m,最大冲刷深度约 7.7 m,见图 2-47 和图 2-48。下游两岸裹头部位采用直径 1 m 的石块防护后,基本未发生冲刷现象。

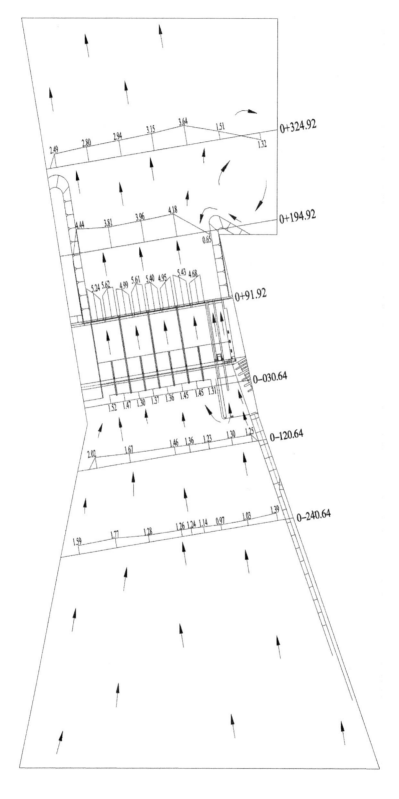

图 2-31　50 年一遇洪水流态与流速分布　（单位：流速，m/s）

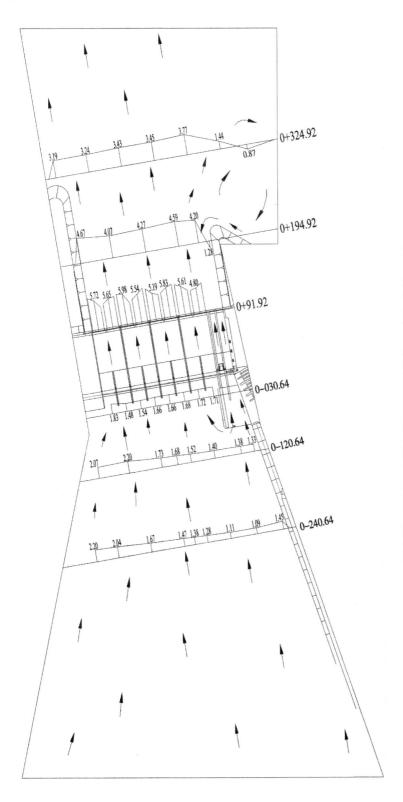

图 2-32　200 年一遇洪水流态与流速分布　（单位：流速，m/s）

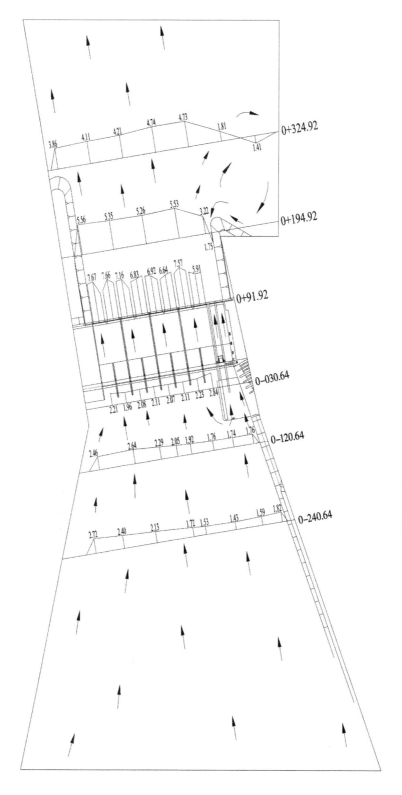

图 2-33　万年一遇洪水流态与流速分布　（单位：流速，m/s）

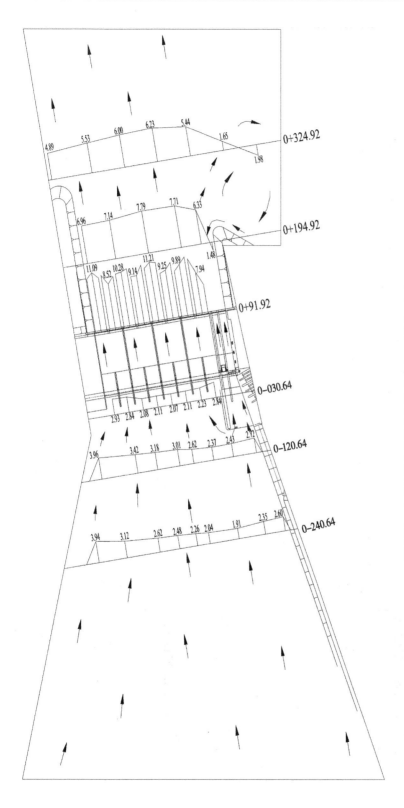

图 2-34　灾难性洪水位流态与流速分布　（单位：流速，m/s）

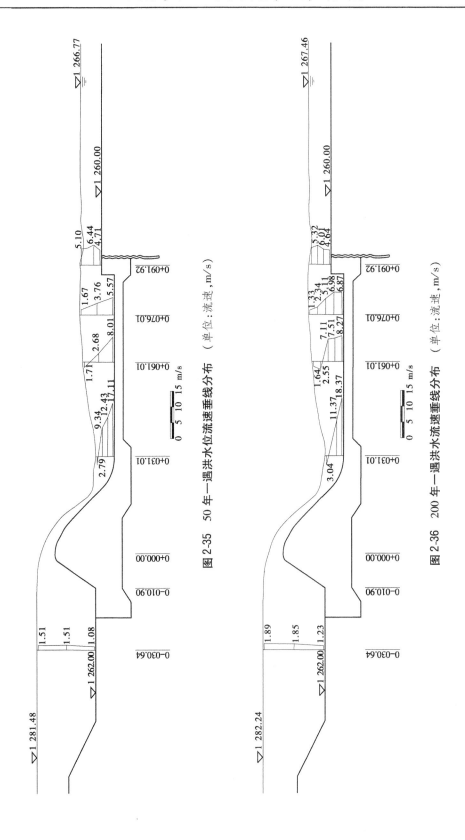

图 2-35　50 年一遇洪水位流速垂线分布　（单位：流速，m/s）

图 2-36　200 年一遇洪水流速垂线分布　（单位：流速，m/s）

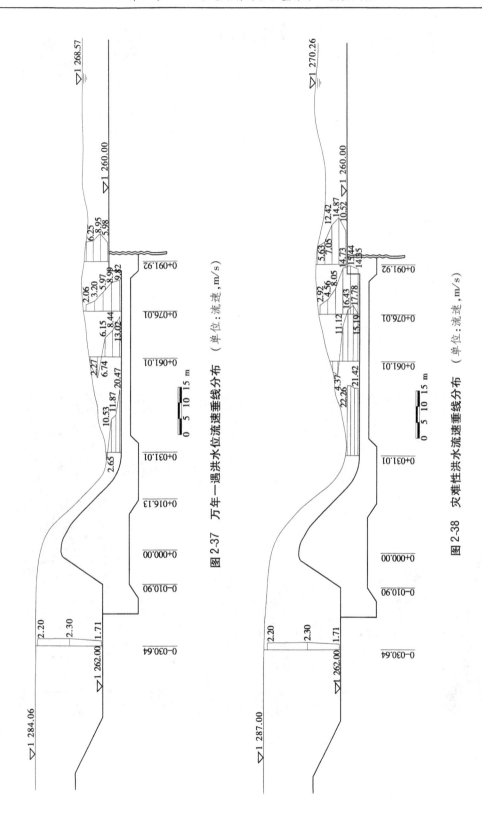

图 2-37　万年一遇洪水位流速垂线分布　（单位：流速，m/s）

图 2-38　灾难性洪水流速垂线分布　（单位：流速，m/s）

图 2-39　50 年一遇洪水流态

图 2-40　200 年一遇洪水流态

图 2-41　万年一遇洪水流态

图 2-42　灾难性洪水流态

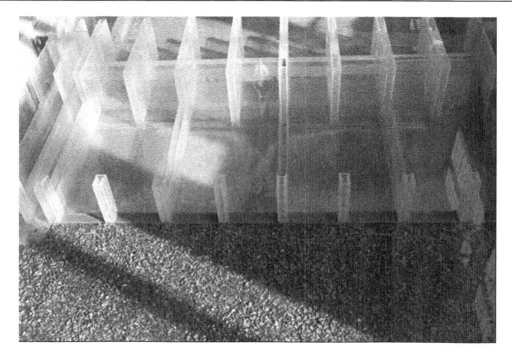

图 2-43　50 年一遇洪水冲刷地形

图 2-44　200 年一遇洪水冲刷地形

图 2-45　万年一遇洪水冲刷地形

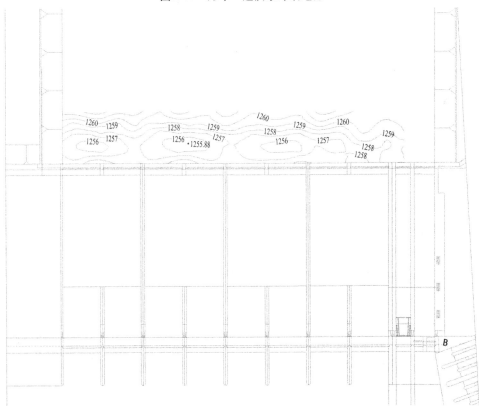

图 2-46　万年一遇洪水冲刷地形简图

图 2-47　灾难性洪水冲刷地形

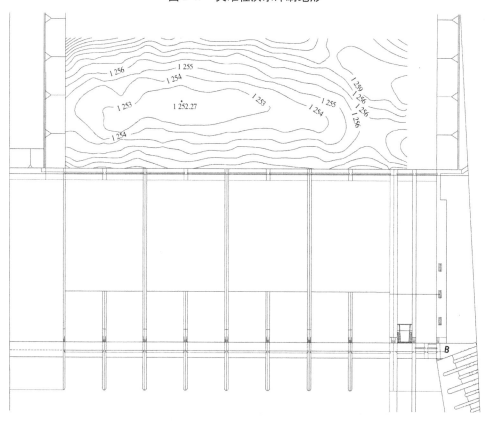

图 2-48　灾难性洪水冲刷地形简图

2.4.8　下游消力池增加消力墩试验

根据消力池后河床冲刷较为严重的情况,业主聘请的意大利 ELC 公司咨询专家提出,能否在消力池内增加一些消能工,观测其消能效果。为此,根据以往经验,在消力池内布置了两排消力墩,消力墩平面布置及尺寸见图 2-49 和图 2-50。

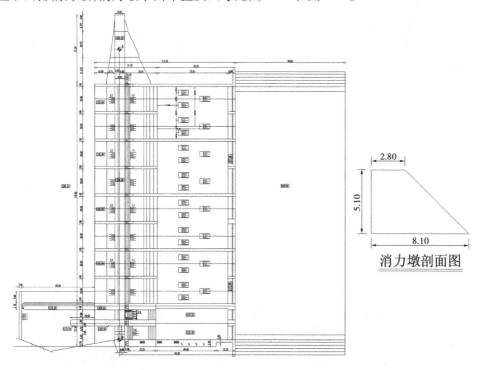

图 2-49　消力墩平面布置及尺寸　（单位:m）

图 2-50　消力墩布置

特征洪水时消力池水流流态见图 2-51～图 2-54。根据试验结果,增加消能工后,消力池消能率提高不大,仅比不设消能工时的消能率提高 1%～4%。考虑到设置消力墩可能会带来空化、空蚀等不利结果,因此设计单位决定不在消力池内布置消力墩。

图 2-51　50 年一遇洪水消力池水流流态

图 2-52　200 年一遇洪水消力池水流流态

图 2-53　万年一遇洪水消力池水流流态

图 2-54　灾难性洪水消力池水流流态

2.5　冲沙闸原设计方案试验

2.5.1　泄流能力

试验对 3 孔冲沙闸的水位—流量关系进行了量测,图 2-55 为 2 孔 4.5 m×4.5 m 平板门冲沙闸的水位—流量关系曲线,正常蓄水位 1 275.50 m 时,闸孔出流为 416 m³/s,对应流量系数为 0.589,较设计值 396 m³/s 大 5%。图 2-56 为孔口尺寸为 8 m×8 m 弧形门冲沙闸的水位—流量关系曲线,正常蓄水位 1 275.50 m 时,闸孔出流为 593 m³/s,对应流量系数为 0.532,与设计值 592 m³/s 一致。正常蓄水位条件下,3 孔闸总过流能力为 1 009 m³/s,较设计值 988 m³/s 大 2.1%。从水位—流量关系曲线可以看出,水位—流量关系变化较大,分析原因是水流由堰流向孔流过渡时水流流态不稳定;根据目测,水流在胸墙下缘有脱流或贴流现象,脱流或贴流都会引起泄流不稳定。

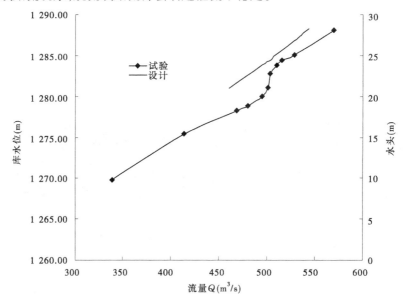

图 2-55　2 孔 4.5 m×4.5 m 平板门冲沙闸的水位—流量关系曲线

2.5.2　冲沙闸压力分布

在弧形工作门冲沙闸底板上沿程布置了 10 个测点,测点的桩号和高程见表 2-6,试验量测了四级特征库水位下底板压力,见表 2-6 和图 2-57。试验结果表明,冲沙闸底板进口段和消力池底板沿程各测点压力随着库水位的升高而增大,在底板两段曲线段测点压力随着库水位的升高而降低,但均为正压。在库水位 1 281.58 m 时,4# 测点压力值最小,为 0.8 mH$_2$O。

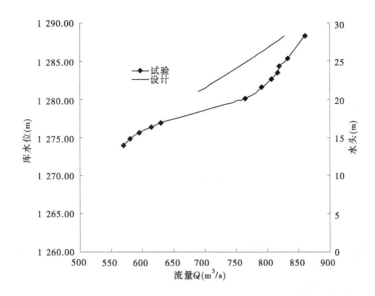

图 2-56 8 m×8 m 弧形门冲沙闸的水位—流量关系曲线

表 2-6 冲沙闸(弧形工作门)底板压力

测点编号	桩号	高程(m)	不同库水位(m)下底板压力(mH₂O)			
			1 274.82	1 276.31	1 278.38	1 281.58
1	0 - 19.81	1 260.00	12.48	14.38	16.48	20.48
2	0 - 01.61	1 260.00	10.88	11.78	12.38	14.98
3	0 + 06.69	1 260.00	5.18	4.58	3.58	3.48
4	0 + 08.69	1 259.88	3.90	2.80	1.90	0.80
5	0 + 10.79	1 259.50	5.08	4.28	4.08	2.68
6	0 + 22.19	1 256.65	12.23	11.73	11.83	9.53
7	0 + 25.29	1 255.93	6.85	6.25	5.45	4.75
8	0 + 28.29	1 255.55	8.83	8.53	7.93	7.93
9	0 + 54.92	1 255.50	15.18	16.38	17.18	19.88
10	0 + 79.92	1 255.50	16.48	18.68	20.98	25.08

由于冲沙闸胸墙底缘由 1.0 m 的圆弧段和 1.5 m 的水平段组成,在模型上尺寸较小,仅能在胸墙底缘圆弧段中间点安装 1 个测点,测点的桩号为 0 +000.4 m,高程为 1 268.14 m,试验量测几级特征水位下,该测点压力均接近零,目视该测点以下脱流。

同样,在 2 孔 4.5 m×4.5 m 平板门冲沙闸的胸墙底缘圆弧段中间点安装测点,该测点压力也接近零,目视该测点以下也脱流。

2.5.3 冲沙闸上下游流态与流速分布

在正常蓄水位 1 275.50 m 时,当 8 m×8 m 冲沙闸过流时,闸前流态受左右导墙影响

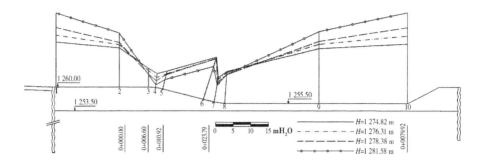

图 2-57　冲沙闸（弧形工作门）底板压力沿程分布

产生绕流,并在闸前产生跌水,闸前流态紊乱,见图 2-58。建议在不影响建筑物稳定情况下,取消冲沙闸之间的导墙,以消除不利流态。

图 2-58　8 m×8 m 冲沙闸进口流态

2 孔 4.5 m×4.5 m 冲沙闸过流时,闸前流态较平顺,由于受左侧导墙影响,在左孔胸墙前产生一直径约为 3 m 的间歇性串通漩涡,见图 2-59。

试验分别量测了正常蓄水位 1 275.50 m 时各冲沙闸单独以及联合拉沙时闸前不同断面流速分布,图 2-60 为 8 m×8 m 冲沙闸单独开启拉沙时闸前不同断面流速分布,图 2-61 为 2 孔 4.5 m×4.5 m 冲沙闸单独开启拉沙时闸前不同断面流速分布,图 2-62 为 3 孔冲沙闸全部开启拉沙时闸前不同断面流速分布。

结果表明,当 8 m×8 m 弧形门冲沙闸单独开启拉沙时,闸前长导墙墩头断面流速为 1.16 ~2.14 m/s,短导墙墩头断面流速达到 5.58 ~6.81 m/s,距进口越近流速越大。但引水口前的流速并不大。当 2 孔 4.5 m×4.5 m 平板闸门冲沙闸单独开启拉沙时,闸前长导墙墩头断面流速较 8 m×8 m 弧形闸门冲沙闸单独开启时小,在短导墙墩头断面流速达到 1.65 ~1.91 m/s 时,距进口越近流速越大。由于弧形门冲沙闸过流流量大于平板门冲

图 2-59　4.5 m×4.5 m 冲沙闸进口流态

沙闸,两闸之间导墙的存在,使得闸孔前各断面流速分布不均,弧形门冲沙闸闸前各断面流速均较大,是平板门冲沙闸闸前断面流速的 2~3 倍。当冲沙闸全部开启时,闸前各断面流速较单孔闸开启时流速明显增大,表明同时开启有利于闸前拉沙。

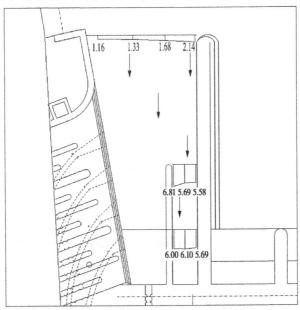

图 2-60　8 m×8 m 冲沙闸单独开启拉沙时闸前不同断面流速分布　（单位:m/s）

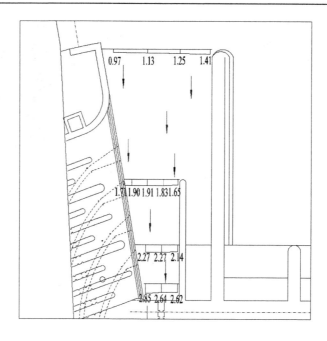

图 2-61　2 孔 4.5 m×4.5 m 冲沙闸单独开启拉沙时闸前不同断面流速分布 （单位:m/s）

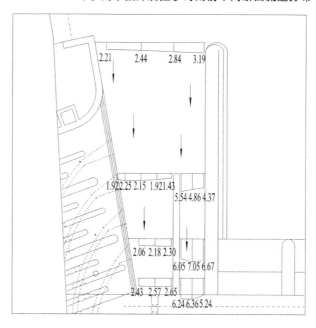

图 2-62　3 孔冲沙闸全部开启拉沙时闸前不同断面流速分布 （单位:m/s）

　　试验对冲沙闸下游消力池无隔墩时的流态进行了观测,结果表明,当冲沙闸下游消力池不设置隔墩时,无论是哪孔冲沙闸开启,只要是单孔泄流,消力池内流态都会非常乱,水流在池内左右摆动,冲击两侧边墙,水流出消力池时直冲尾部闸墩,见图 2-63。消力池设置隔墩后,无论是单孔泄流还是双孔泄流,消力池内流态均较稳定,见图 2-64。建议冲沙闸下游消力池设置隔墩。

图 2-63　冲沙闸下游消力池无隔墩时消力池流态

图 2-64　冲沙闸下游消力池有隔墩时消力池流态

　　8 m×8 m 冲沙闸在正常蓄水位 1 275.50 m 时,消力池内形成完整水跃;当库水位高于 1 280.88 m 时,闸孔下泄水流直接冲出消力池,在消力池下游形成波状水跃。在正常蓄水位 1 275.50 m 时,消力池单宽流量达到 74 m³/(s·m),消力池出池水流底部流速达到 10.95 m/s,如图 2-65 所示,对下游均会产生严重的冲刷。而 4.5 m×4.5 m 冲沙闸在正常蓄水位 1 275.50 m 时,消力池内形成完整水跃;当库水位高于 1 282.07 m 时,闸孔下泄水流直接冲出消力池,在消力池下游形成波状水跃或挑流流态,见图 2-66。在正常蓄水位 1 275.50 m 时,消力池单宽流量达到 37.8 $m^3/(s \cdot m)$,消力池出池水流底部流速达到 8.92 m/s,如图 2-67 所示,下游也会产生严重的冲刷。

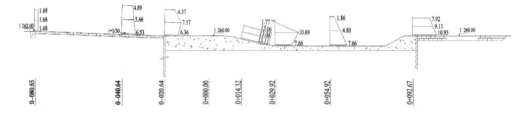

图 2-65　8 m×8 m 冲沙闸中心线垂线流速沿程分布　（单位:m/s）

图 2-66　高水位时 4.5 m×4.5 m 冲沙闸下游消力池出口流态

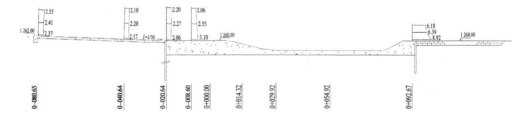

图 2-67　4.5 m×4.5 m 冲沙闸中心线垂线流速沿程分布　（单位:流速,m/s）

2.5.4　冲沙闸下游冲刷

　　试验对正常蓄水位 1 275.50 m 时冲沙闸下游冲刷进行了观测,消力池出口铺设直径 1 m 的块石。图 2-68 和图 2-69 为冲沙闸全开时消力池下游冲刷地形,由于 8 m×8 m 冲沙闸消力池出口单宽流量较大,下游冲刷坑最深点位于该闸孔下,最深点高程达 1 252.53 m;4.5 m×4.5 m 冲沙闸消力池出口单宽流量虽然小一些,但右侧受边坡约束,不能扩散,水流较集中,冲刷也较严重。设计时应加强防冲保护措施。

图 2-68　库水位 1 275.50 m 冲沙闸全开时消力池下游冲刷地形(一)

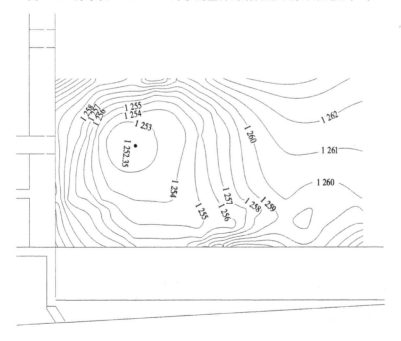

图 2-69　库水位 1 275.50 m 冲沙闸全开时消力池下游冲刷地形(二)

2.6　优化方案试验

　　根据原设计方案试验成果和 2011 年 2 月在厄瓜多尔首都基多基本设计审查会专家咨询意见,设计单位对溢流坝和冲沙闸局部体形调整优化,按照模型试验补充协议要求对优化方案进行模型试验。溢流坝消力池池底高程由 1 256.00 m 降至 1 255.50 m,池长由 57.91 m 增加至 64.41 m,消力池池深仍然为 4 m,消力池尾坎下游海漫长度为 120 m,海漫首端高程 1 258.00 m,末端高程 1 260.40 m,海漫末端设有防冲槽,防冲槽最大深度 8.4 m,上口宽度 35 m。冲沙闸池底高程降至 1 253.50 m,池深增加至 6 m。同时将弧形门与平板门之间上游导墙去掉,冲沙闸与溢流坝之间上游导墙长度增加 20 m,导墙长度由 60 m 增加至 80 m,导墙顶部高程由 1 275.50 m 加高至 1 289.50 m,并采用斜导墙,导墙向溢流坝一侧扩散角度为 10°,溢流坝和冲沙闸平面布置如图 2-70 所示,剖面布置如图 2-71 ~ 图 2-73 所示。

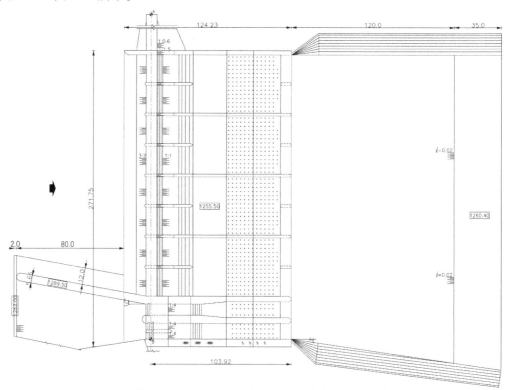

图 2-70　溢流坝和冲沙闸平面布置　(单位:m)

2.6.1　溢流坝上游流态

　　由于冲沙闸与溢流坝之间上游导墙加长加高,同时向溢流坝一侧扩散,当冲沙闸关闭且溢流坝过水时,导墙左右两侧存在水位差,右侧水面高于左侧,特征洪水(50 年一遇、

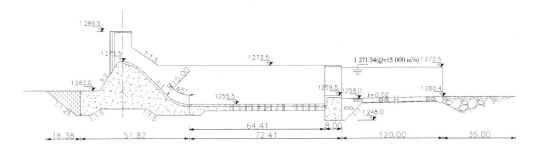

图 2-71　溢流坝横剖面图　（单位：m）

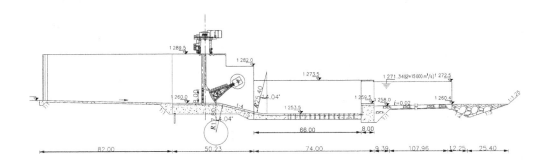

图 2-72　弧形门冲沙闸横剖面图　（单位：m）

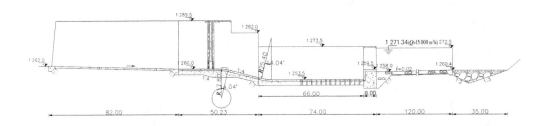

图 2-73　平板门冲沙闸横剖面图　（单位：m）

200 年一遇、万年一遇、灾难性）导墙右侧冲沙闸前较左侧溢流坝前水面高分别为 0.2 m、0.7 m、1.1 m 和 1.9 m。导墙偏向溢流坝上游，使得溢流坝右侧两孔过流不均匀，特别是右侧边孔，水流非常紊乱，如图 2-74 ~ 图 2-78 所示，而且使溢流坝总泄量减小，设计洪水时总泄量减小 3.8%。将冲沙闸与溢流坝之间上游导墙改为垂直溢流坝轴线后，溢流坝进流平顺，溢流坝泄量与原设计一致，建议设计不要将导墙向溢流坝方向倾斜。

图 2-74 上游斜导墙 50 年一遇洪水流态($Q = 4\ 970\ \mathrm{m}^3/\mathrm{s}$)

图 2-75 上游斜导墙 200 年一遇洪水流态($Q = 6\ 020\ \mathrm{m}^3/\mathrm{s}$)

2.6.2 溢流坝下游流态与流速分布

试验首先按照设计提供的下游水位—流量关系控制下游水位,图 2-79 ~ 图 2-82 为四

图 2-76　上游斜导墙万年一遇洪水流态($Q = 8\,900\ \mathrm{m^3/s}$)

图 2-77　上游斜导墙灾难性洪水流态($Q = 15\,000\ \mathrm{m^3/s}$)

级特征洪水溢流坝下游水流流态,图 2-83 ~ 图 2-86 为溢流坝下游各断面流速分布。试验结果表明,在四级特征洪水条件下,在消力池范围内均能形成完整水跃,在 200 年一遇设计洪水时,消力池与下游海漫水流衔接平顺,海漫段水流波动相对较小,消力池尾坎断面流速为 4 ~ 5 m/s,至海漫末端防冲槽断面流速降至 3 ~ 4 m/s,消力池及海漫不同断面水

图 2-78　上游斜导墙改直后 200 年一遇洪水流态（$Q = 6\ 020\ \mathrm{m^3/s}$）

流垂线流速沿程分布如图 2-87 所示。万年一遇洪水时，消力池下游海漫段水面有较大波动，海漫末端防冲槽断面流速为 4.0 ~ 5.3 m/s。但遇灾难性洪水时，消力池下游海漫段仍然产生二次水跃，不过二次水跃长度较原设计方案缩短，海漫末端防冲槽断面流速为 5.3 ~ 7.9 m/s。表 2-7 ~ 表 2-10 为溢流坝下游各断面垂线平均流速。

图 2-79　50 年一遇洪水溢流坝下游水流流态（$Q = 4\ 970\ \mathrm{m^3/s}$）

图 2-80　200 年一遇洪水溢流坝下游水流流态($Q = 6\ 020\ \mathrm{m}^3/\mathrm{s}$)

图 2-81　万年一遇洪水溢流坝下游水流流态($Q = 8\ 900\ \mathrm{m}^3/\mathrm{s}$)

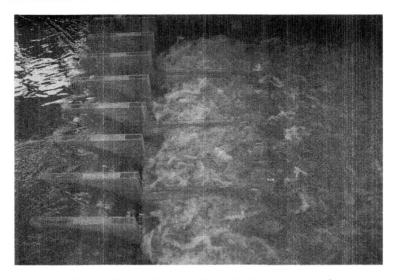

图 2-82　灾难性洪水溢流坝下游水流流态($Q = 15\ 000\ \mathrm{m^3/s}$)

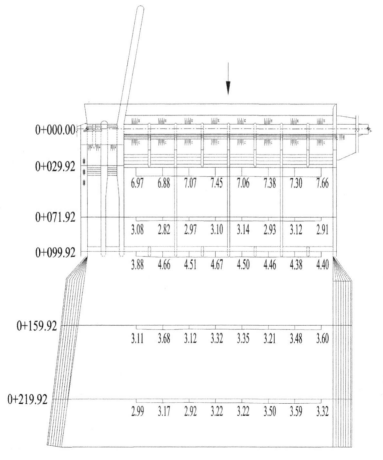

图 2-83　50 年一遇洪水溢流坝下游各断面流速分布($Q = 4\ 970\ \mathrm{m^3/s}$)　（单位:流速,m/s）

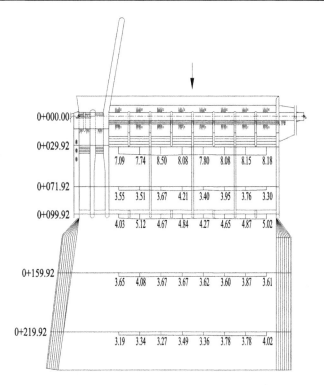

图 2-84　200 年一遇洪水溢流坝下游各断面流速分布($Q = 6\ 020\ \mathrm{m}^3/\mathrm{s}$)　（单位：流速,m/s）

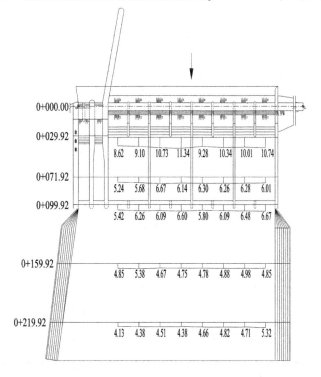

图 2-85　万年一遇洪水溢流坝下游各断面流速分布($Q = 8\ 900\ \mathrm{m}^3/\mathrm{s}$)　（单位：流速,m/s）

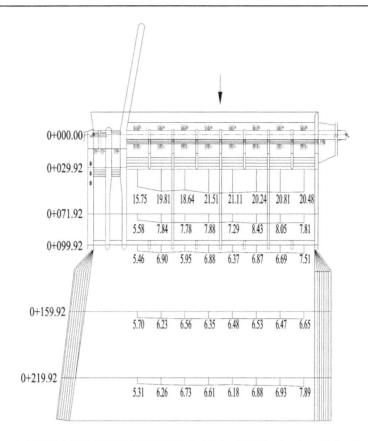

图 2-86　灾难性洪水溢流坝下游各断面流速分布($Q = 15\,000\ \mathrm{m^3/s}$)　(单位:流速,m/s)

表 2-7　溢流坝下游各断面垂线平均流速($Q = 4\,970\ \mathrm{m^3/s}$)　(单位:m/s)

测点位置	原设计下游水位:1 267.20 m			不控制下游水位:1 262.70 m		
	消力池尾坎断面	尾坎下游60 m	尾坎下游120 m	消力池尾坎断面	尾坎下游60 m	尾坎下游120 m
1#孔中心线	4.4	3.6	3.3	5.3	4.6	5.5
2#孔中心线	4.4	3.5	3.6	5.2	4.3	5.3
3#孔中心线	4.5	3.2	3.5	5.3	4.2	5.0
4#孔中心线	4.5	3.3	3.2	5.4	4.0	4.4
5#孔中心线	4.7	3.3	3.2	5.1	4.3	4.5
6#孔中心线	4.5	3.1	2.9	5.4	4.1	4.1
7#孔中心线	4.7	3.7	3.2	5.4	4.1	3.7
8#孔中心线	3.9	3.1	3.0	5.2	3.8	3.7

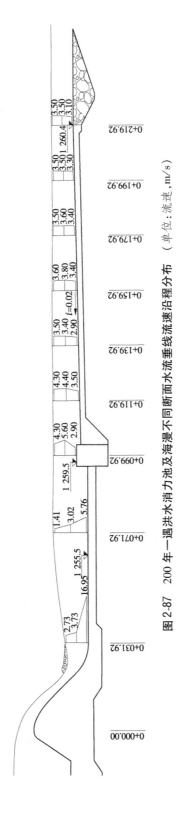

图 2-87　200 年一遇洪水消力池及海漫海漫不同断面水流垂线流速沿程分布　(单位：流速，m/s)

表 2-8　溢流坝下游各断面垂线平均流速($Q = 6\ 020\ \text{m}^3/\text{s}$)　　（单位:m/s）

测点位置	原设计下游水位:1 267.20 m			不控制下游水位:1 263.20 m		
	消力池 尾坎断面	尾坎下游 60 m	尾坎下游 120 m	消力池 尾坎断面	尾坎下游 60 m	尾坎下游 120 m
1#孔中心线	5.0	3.6	4.0	5.6	5.2	6.0
2#孔中心线	4.9	3.9	3.8	4.9	5.0	5.7
3#孔中心线	4.7	3.6	3.8	5.5	4.6	5.4
4#孔中心线	4.3	3.6	3.4	5.6	4.7	5.0
5#孔中心线	4.8	3.7	3.5	5.6	4.4	4.6
6#孔中心线	4.7	3.7	3.3	5.3	4.4	4.6
7#孔中心线	5.1	4.1	3.3	5.6	4.7	4.4
8#孔中心线	4.0	3.7	3.2	5.5	4.1	4.4

表 2-9　溢流坝下游各断面垂线平均流速($Q = 8\ 900\ \text{m}^3/\text{s}$)　　（单位:m/s）

测点位置	原设计下游水位:1 268.80 m			不控制下游水位:1 265.00 m		
	消力池 尾坎断面	尾坎下游 60 m	尾坎下游 120 m	消力池 尾坎断面	尾坎下游 60 m	尾坎下游 120 m
1#孔中心线	6.7	4.8	5.3	8.4	5.8	7.2
2#孔中心线	6.5	5.0	4.7	7.6	5.6	6.7
3#孔中心线	6.1	4.9	4.8	7.3	5.5	6.6
4#孔中心线	5.8	4.8	4.7	8.0	5.5	6.2
5#孔中心线	6.6	4.8	4.4	7.9	5.5	5.9
6#孔中心线	6.1	4.7	4.5	7.5	5.6	5.7
7#孔中心线	6.3	5.4	4.4	7.2	6.2	5.3
8#孔中心线	5.4	4.8	4.1	7.9	5.3	5.2

表 2-10　溢流坝下游各断面垂线平均流速($Q = 15\ 000\ \text{m}^3/\text{s}$)　　（单位:m/s）

测点位置	原设计下游水位:1 270.90 m			不控制下游水位:1 265.70 m		
	消力池 尾坎断面	尾坎下游 60 m	尾坎下游 120 m	消力池 尾坎断面	尾坎下游 60 m	尾坎下游 120 m
1#孔中心线	7.5	6.7	7.9	9.7	10.6	11.3
2#孔中心线	6.7	6.5	6.9	9.8	10.1	11.3
3#孔中心线	6.9	6.5	6.9	7.8	11.0	11.1
4#孔中心线	6.4	6.5	6.2	7.6	10.9	11.5
5#孔中心线	6.9	6.4	6.6	8.6	11.0	10.4
6#孔中心线	5.9	6.6	6.7	8.9	12.0	11.8
7#孔中心线	6.9	6.2	6.3	8.9	10.6	9.8
8#孔中心线	5.5	5.7	5.3	8.4	10.9	9.1

2.6.3　下游水位较低时溢流坝下游流态与流速分布

　　根据委托单位要求,试验观测了下游河道水位(坝下 280 m 断面)低于设计水位的不利工况条件下下游流态和流速分布(该工况下对应下游水位较设计下游水位低 4 ~ 5 m),试验实测各级洪水的下游水位见表 2-11。

表 2-11　试验工况

试验组次	洪水频率	流量(m³/s)	坝下 280 m 断面水位(m)	
			设计工况	不利工况
1	50 年一遇	4 970	1 267.20	1 262.70
2	200 年一遇	6 020	1 267.60	1 263.20
3	万年一遇	8 900	1 268.80	1 265.00
4	灾难性洪水	15 000	1 270.90	1 265.70

　　试验结果表明,四级特征洪水条件下,消力池水跃跃首位置下移,特别是灾难性洪水时,消力池水跃跃首下移至消力池中部,海漫段的二次水跃至海漫中部,池首断面流速增大较多,海漫上流速相应增加。图 2-88 ~ 图 2-91 为四级特征洪水溢流坝下游消力池及海漫上流态,图 2-92 ~ 图 2-95 为下游各断面流速分布,同时将下游断面垂线平均流速附于表 2-7 ~ 表 2-10。

图 2-88　50 年一遇洪水溢流坝下游消力池及海漫上流态(Q = 4 970 m³/s)

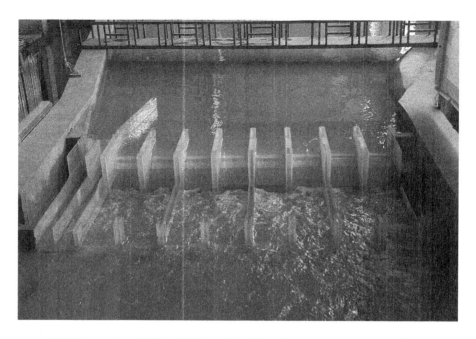

图 2-89　200 年一遇洪水溢流坝下游消力池及海漫上流态($Q = 6\ 020\ \mathrm{m^3/s}$)

图 2-90　万年一遇洪水溢流坝下游消力池及海漫上流态($Q = 8\ 900\ \mathrm{m^3/s}$)

图 2-91　灾难性洪水溢流坝下游消力池及海漫上流态($Q = 15\ 000\ \mathrm{m^3/s}$)

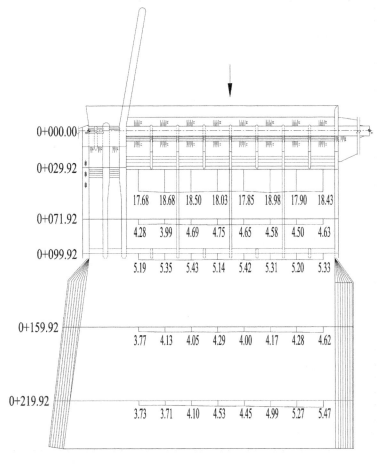

图 2-92　50 年一遇洪水下游各断面流速分布　(单位:流速,m/s)

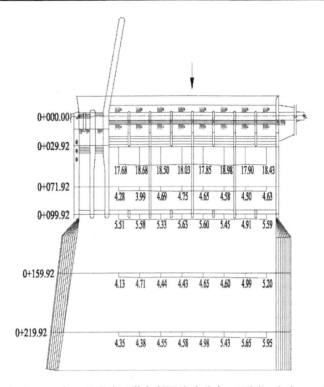

图 2-93　200 年一遇洪水下游各断面流速分布　（单位：流速，m/s）

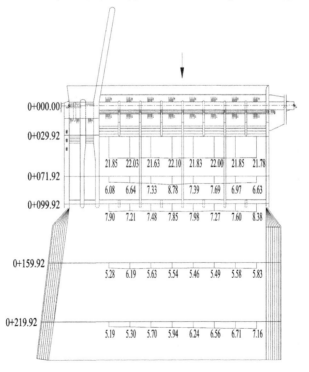

图 2-94　万年一遇洪水下游各断面流速分布　（单位：流速，m/s）

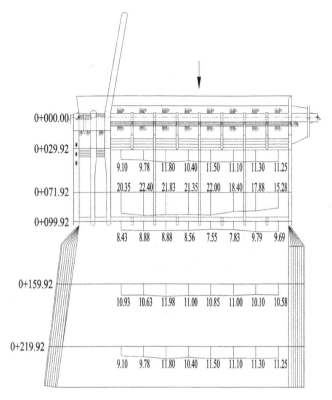

图 2-95 灾难性洪水下游各断面流速分布 （单位：流速，m/s）

2.6.4 冲沙闸上下游流态与流速分布

弧形门与平板门之间上游导墙长度缩短后，在库水位 1 275.50 m 条件下，弧形门冲沙闸前恶劣流态消失，泄水时闸前流态平稳，见图 2-96、图 2-97。弧形门冲沙闸和平板门

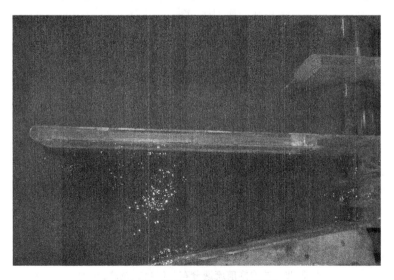

图 2-96 冲沙闸前导墙附近流态

冲沙闸左孔胸墙前有间歇性串通漩涡出现,漩涡直径 1~3 m。试验量测冲沙闸前流速分布如图 2-98 所示。

图 2-97　冲沙闸进口局部流态

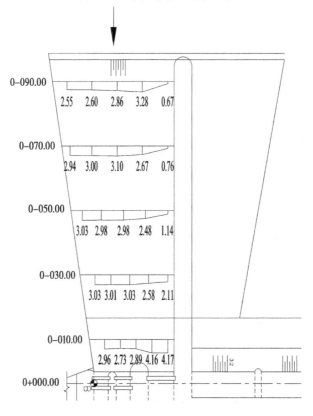

图 2-98　冲沙闸前流速分布　(单位:流速,m/s)

正常蓄水位 1 275.50 m 时,弧形门冲沙闸下游消力池内形成水跃,跃头位置桩号约为 0 +020,消力池水深 14 ~ 15 m,尾坎断面水面高程 1 264.70 m,较海漫水面高 1.5 m,在尾坎处形成跌流,产生二次水跃,见图 2-99。平板门冲沙闸下游消力池内也能形成自由水跃,但跃头距闸门较近,跃头位置桩号约为 0 +005,消力池水深 14 ~ 15 m,尾坎断面也形成跌流,产生二次水跃,见图 2-99。

图 2-99　冲沙闸消力池及尾坎流态

试验量测弧形门冲沙闸和平板门冲沙闸沿程各断面垂线流速分布如图 2-100、图 2-101 所示。由图可知,因冲沙闸单独泄水时,下游水位较低,海漫段水流接近急流状态,海漫段流速为 7 ~ 8 m/s。防冲槽下游形成一冲刷坑,冲刷最低点高程为 1 252.60 m,高于防冲槽底部高程 1 252.20 m,防冲槽内的块石有部分滚落于坑内,但防冲槽整体基本保持稳定,如图 2-102 所示。由于消力池尾坎下游海漫原设计采用浆砌块石防护,浆砌块石抗冲流速为 3 ~ 6 m/s,模型实测海漫段流速大于其抗冲流速,为了保证消能防护工程的安全,建议在冲沙闸段消力池下游建造二级消力池,或者采用抗冲流速大于 8 m/s 的材料进行防护。

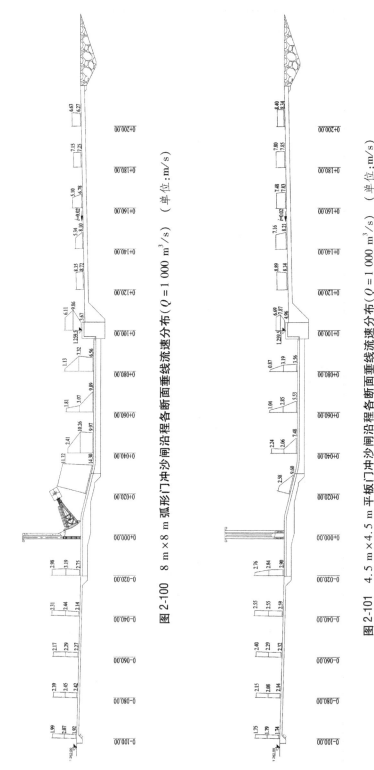

图 2-100 8 m × 8 m 弧形门冲沙闸沿程各断面垂线流速分布（$Q = 1\,000$ m³/s）（单位：m/s）

图 2-101 4.5 m × 4.5 m 平板门冲沙闸沿程各断面垂线流速分布（$Q = 1\,000$ m³/s）（单位：m/s）

图 2-102　冲沙闸下游冲刷地形

2.7　结论与建议

2.7.1　原设计方案

（1）无论是水库运用初期还是运用后期,在水库遭遇各级设计洪水时,枢纽泄水建筑物的泄流能力均满足设计要求。

（2）从溢流坝段堰面时均压力分布看,满足《混凝土重力坝设计规范》(SL 319—2005)要求,水流脉动压力符合正态分布,脉动压力最大可能单倍振幅可采用 3 倍均方根进行计算,消力池脉动压力优势频率均在 2 Hz 以下,即属于低频脉动。

（3）各级洪水时,除紧邻冲沙闸的一孔溢流坝受绕流影响造成堰面水流不平顺外,溢流坝其他各孔进流均较平顺。上游开挖平台(高程 1 271.00 m)边坡处流速在万年一遇洪水时,流速仅 2 m/s 左右,对开挖边坡稳定影响不大。消力池出口流速较大,当下游采用直径 1 m 石块防护后,防冲效果明显,四级特征洪水条件下,冲刷坑最大深度分别为 1 m、2 m、4 m 和 7.7 m,下游两岸裹头部位采用直径 1 m 石块防护后,基本未发生冲刷现象。

（4）在消力池内增加消力墩后,消力池消能率提高不大,四级特征洪水条件下,仅比不设消力墩时的消能率提高 1% ~ 4%。考虑到设置消力墩可能会带来空化、空蚀等不利结果,因此不推荐在消力池内布置消力墩。

（5）实测冲沙闸泄量均大于设计值,满足设计泄流要求。但泄量随水头变化不均匀,水流在胸墙下缘有脱流现象,有可能引起闸门震动等问题,建议胸墙底缘下压,消除脱流现象,同时可消除胸墙底缘负压的出现。

（6）受冲沙闸前导墙的影响,8 m×8 m 冲沙闸泄流时,因绕流闸前出现水流跌落,产生水跃,流态较恶劣,建议在不影响冲沙闸稳定的前提下,取消冲沙闸之间的闸墩。

(7)当冲沙闸消力池不设隔墙,4.5 m×4.5 m 冲沙闸和 8 m×8 m 冲沙闸单独泄流时,消力池内均会产生斜水跃不利流态,建议保留隔墙。8 m×8 m 冲沙闸泄流时,因单宽流量较大,当库水位高于 1 280.88 m 时,下泄水流直接冲出消力池,消能不充分,对下游冲刷较严重。4.5 m×4.5 m 冲沙闸泄流时,当库水位高于 1 282.07 m 时,下泄水流也会冲出消力池,在消力池下游形成波状水跃或挑流流态,对下游产生严重冲刷,建议加大池深或加大消力池出口防护范围。

2.7.2 优化方案

(1)冲沙闸与溢流坝之间上游导墙加高加长,有利于冲沙闸和溢流坝进口流态改善,但采用斜导墙时影响溢流坝右侧孔的进流和泄量,建议改为直导墙。

(2)冲沙闸关闭、溢流坝泄洪时,四级特征洪水导墙左右两侧水位差分别为 0.2 m、0.7 m、1.1 m、1.9 m。

(3)200 年一遇设计洪水时,消力池与下游海漫水流衔接平顺,海漫段水流波动相对较小,海漫末端垂线流速分布均匀。万年一遇洪水时,消力池下游海漫段水面有较大的波动,海漫末端防冲槽断面流速为 4.0~5.3 m/s。遇灾难性洪水时,消力池下游海漫段仍然产生二次水跃,不过二次水跃长度较原设计方案缩短。

(4)当下游河道水位比原设计水位降低 4~5 m 时,四级特征洪水条件下,消力池水跃跃首位置下移,特别是灾难性洪水时,消力池水跃跃首下移至消力池中部,海漫段的二次水跃至海漫中部,池首断面流速增大较多,海漫上流速相应增加。

(5)该体形下弧形门冲沙闸和平板门冲沙闸进流均较原设计平顺。冲沙闸下游海漫段流速较大,为 7~8 m/s,防冲槽下游冲刷最低点高程为 1 252.60 m,高于防冲槽底部高程 1 252.20 m,防冲槽整体保持基本稳定。为了保证消能防护工程的安全,建议在冲沙闸段消力池下游建造二级消力池,或者采用抗冲流速大于 8 m/s 的材料进行防护。

第 3 章　CCS 水电站首部枢纽 悬沙模型试验

3.1　试验目的和任务

通过模型试验优化取水口及导墙布置,保证在上游来水流量 70 ~ 2 500 m³/s 情况下进流平顺;研究引渠形式、尺寸、长度以及渠内淤积形态;观测取水口前漏斗形态,验证冲沙闸、排沙管的拉沙效果和运用方式,以利于取水口取水。具体试验任务如下:

(1)观测不同流量条件下库区及取水口进口流态和流速分布。

(2)量测取水口前引渠内淤积形态。

(3)量测冲沙闸和排沙管不同运用条件下取水口前漏斗形态。

(4)量测不同运用条件下取水口水流含沙量。

3.2　模型设计

由于该模型主要研究取水口和排沙建筑物附近的水流流态及附近河床冲淤变化,模型采用正态。根据模型试验任务,模型设计应满足几何形态相似、水流运动相似和泥沙运动相似。

(1)水流运动相似。

重力相似:
$$\lambda_v = \lambda_L^{1/2}$$

阻力相似:
$$\lambda_n = \lambda_L^{\frac{1}{6}}$$

水流连续性相似:
$$\lambda_{t_1} = \lambda_L / \lambda_v = \lambda_L^{\frac{1}{2}}$$
$$\lambda_Q = \lambda_v \lambda_L^2 = \lambda_L^{\frac{5}{2}}$$

(2)泥沙运动相似。

悬移质运动相似包括泥沙悬浮和沉降相似以及水流挟沙力相似。

泥沙悬移和沉降相似条件是根据紊流扩散理论所得到的挟沙水流运动基本方程导出的,对于正态模型,沉速 ω 和流速 v 之间的比尺关系为

$$\lambda_\omega = \lambda_v \tag{3-1}$$

泥沙粒径比尺关系根据沉速关系式 $\omega = \sqrt{\dfrac{4}{3C_d} \dfrac{\gamma_s - \gamma}{\gamma} gd}$ [C_d 为颗粒沉降阻力系数,

$C_d = \dfrac{\alpha}{\left(\dfrac{\omega d}{v}\right)^\beta}$,其中 β 随颗粒雷诺数的变化而改变]推导出泥沙粒径比尺关系为

$$\lambda_d = \frac{\lambda_v^{\frac{\beta}{1+\beta}} \lambda_\omega^{\frac{2-\beta}{1+\beta}}}{\lambda_{\gamma_s-\gamma}^{\frac{1}{1+\beta}}} \tag{3-2}$$

式(3-2)中,对于滞流区($d < 0.1$ mm),$\beta = 1$;对于紊流区($d > 2$ mm),$\beta = 0$;对于过渡区(0.1 mm $< d < 2$ mm),β 通过试算求得。

对于冲积性河流,要求模型与原型的输沙能力相似,即水流挟沙力相似,悬移质的输沙能力相似要求含沙量比尺 λ_s 与挟沙力比尺 λ_{s*} 的关系为

$$\lambda_s = \lambda_{s*} \tag{3-3}$$

对于含沙量或挟沙力比尺,一种方法是由挟沙力公式计算,另一种方法是借助于预备试验率定。

计算水流挟沙力的公式很多,参考以往类似工程模型试验经验,本模型含沙量比尺采用窦国仁公式计算,即

$$\lambda_s = \frac{\lambda_{\gamma_s}}{\lambda_{\frac{\gamma_s-\gamma}{\gamma}}} \tag{3-4}$$

根据冲淤河床变形方程可得冲淤时间比尺关系为

$$\lambda_{t_2} = \lambda_{\gamma_s} \lambda_{t_1} / \lambda_s \tag{3-5}$$

以上各式中:λ_L 为水平比尺;λ_v 为流速比尺;λ_Q 为流量比尺;λ_n 为糙率比尺;λ_{t_1} 为水流运动时间比尺;λ_ω 为沉速比尺;λ_d 为粒径比尺;λ_s 为含沙量比尺;λ_{t_2} 为冲淤时间比尺。

此外,为保证模型与原型水流流态相似,模型水流必须满足紊流状态,模型表面流速宜超过 2~3 cm/s,水深不宜小于 3 cm。

3.2.1　模型比尺确定及模型沙的选择

根据模型试验任务要求及工程规模和场地情况,模型试验采用正态模型,几何比尺为 1:40。

工程修建后,库区及建筑物附近发生泥沙淤积,模型试验研究任务要求不涉及原始地形冲刷问题,模型设计原始地形制作为定床,即采用定床基础上的悬沙模型。

分析模型试验任务要求,该模型试验主要研究内容为取水口附近和引渠内淤积的泥沙问题,模型范围确定为坝前 800 m、坝后 500 m 的区域,以涵盖引渠及取水口附近泥沙冲淤影响范围。

流域泥沙以悬移质为主,设计提供入库悬沙级配如图 3-1 所示,入库泥沙中值粒径为 0.125 mm。悬移质模型沙根据悬移质泥沙运动相似准则进行选择。对于正态模型,悬移质运动的模拟极为困难,由于本模型主要研究库区河道达到冲淤平衡状态时建筑物附近局部的冲淤地形及水流状况,因此模型沙选择需要把握关键参数,兼顾次要因素,以达到研究目的。为了选择适用首部枢纽引水防沙枢纽模型试验的模型沙,我们广泛收集调研,收集了有关模型沙基本特性的资料。通过综合分析研究,我们认为郑州热电厂粉煤灰的物理化学性能较为稳定,悬浮特性好,同时具备造价低、宜选配加工等优点。该模型沙曾在小浪底枢纽水电站防沙、小浪底水库库区、三门峡库区以及黄河小北干流连伯滩放淤等泥沙模型中采用,因此选用郑州热电厂粉煤灰作为本模型的模型沙。郑州热电厂粉煤灰容重为 2.1 t/m³,由此可得容重比尺 $\lambda_{\gamma_s} = 2.7/2.1 = 1.29$,相对容重比尺 $\lambda_{\frac{\gamma_s-\gamma}{\gamma}} = 1.55$,按

原型水温 30 ℃、实验室水温 10 ℃，得水流运动黏滞系数比尺 $\lambda_\nu = 0.68$，经比较，选配采用模型沙中值粒径为 0.062 8 mm，即 $\lambda_d = 2.07$，含沙量比尺 $\lambda_s = 0.83$，据此，计算出冲淤时间比尺为 12.86。与水流运动时间比尺相比，时间变态比率约为 2。

项目研究中，试验水沙采用定常流量，冲淤时间比尺差异对泥沙淤积的基本特征相似影响较小。同时，本项目主要研究取水口建筑物附近冲淤平衡状态下的泥沙问题，所以冲淤时间变态及河床糙率比尺偏差的影响可以忽略。因此，模型相似，以保证模型制作按照相似准则达到规范精度要求为主。

设计原型沙级配及所选模型沙模拟原型颗粒级配曲线如图 3-1 所示。图中所选模型沙模拟的原型级配与设计的入池泥沙级配曲线基本吻合，根据模型相似条件计算模型主要比尺见表 3-1。

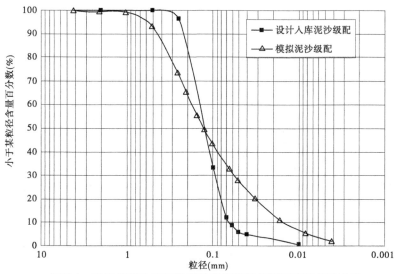

图 3-1　设计原型沙级配及所选模型沙模拟原型颗粒级配曲线

表 3-1　模型主要比尺

相似条件	比尺名称	比尺	依据	说明
几何形态相似	水平比尺 λ_L	40	试验任务要求	
水流运动相似	流速比尺 λ_v	6.32	式(2-1)	
	流量比尺 λ_Q	10 104	式(2-4)	
	水流运动时间比尺 λ_{t_1}	6.32	式(2-3)	
	糙率比尺 λ_n	1.85	式(2-2)	
泥沙运动相似	容重比尺 λ_{γ_s}	1.29	模型悬沙为粉煤灰	$\gamma_{sm} = 2.1\ \text{t/m}^3$
	相对容重比尺 $\lambda_{\frac{\gamma_s-\gamma}{\gamma}}$	1.55		
	干容重比尺 $\lambda_{\gamma_s'}$	1.69		$\gamma_{sm}' = 0.8\ \text{t/m}^3$
	沉速比尺 λ_ω	6.32		
	粒径比尺 λ_d	2.07	式(3-2)	
	含沙量比尺 λ_s	0.83	式(3-4)	参考文献
	冲淤时间比尺 λ_{t_2}	12.86	式(3-5)	

3.2.2 模型范围及模型制作

根据河道地形,按照模型试验任务要求,该模型范围包括冲沙闸上游河道长 800 m、宽 300 m,冲沙闸及下游河道长 500 m,沉沙池和取水口部分长 350 m。模型模拟原型范围 1 300 m×1 000 m,模型尺寸 35 m×27 m。模型布置如图 3-2 ~图 3-4 所示。

冲沙闸及溢流坝采用木材制作,沉沙池采用有机玻璃制作,上游库区原河床用水泥砂浆粉制,悬沙采用粉煤灰。模型进口清水流量和浑水流量用电磁流量计控制,模型泥沙级配测量采用激光颗分仪,含沙量采用比重瓶法测量,库水位用测针量测,流速采用 Ls - 401 型直读式流速仪测读,冲淤地形用黄河水利科学研究院研制的浑水地形量测仪结合水准仪测量。采用摄像技术进行流态和流场描述。

图 3-2　模型库区

图 3-3　模型泄水建筑物布置

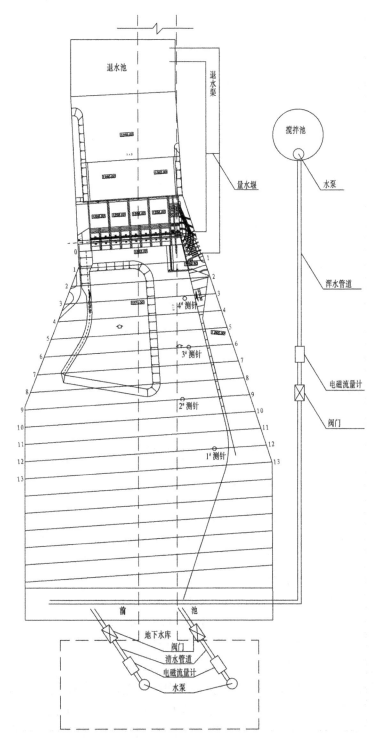

图 3-4 模型平面布置

3.3　试验水沙条件和试验组次

根据试验任务和要求以及设计提供的水沙条件共进行了 4 个方面内容 10 个组次试验,试验水沙条件见表 3-2。

表 3-2　试验水沙条件

试验内容	组次	流量(m³/s)	含沙量(kg/m³)	说明
造床	1	913	0.6～13	冲沙闸＋沉沙池引水
不同流量流态观测	2	74	0	两条沉沙池引水
	3	222	0	沉沙池正常引水
	4	913	5	冲沙闸＋沉沙池引水
	5	1 300	7	溢流坝＋冲沙闸＋沉沙池引水
	6	2 500	10	溢流坝＋冲沙闸＋沉沙池引水
排沙管排沙	7	250	7	引水＋1 条排沙管排沙
	8	334	7	引水＋4 条排沙管排沙
排沙闸排沙	9	415	3	平板门排沙闸排沙
	10	1 009	3	平板门排沙闸和弧形门排沙闸排沙

3.4　试验成果

3.4.1　库区造床试验

库区造床就是在一定的来水来沙条件下,库区泥沙逐渐达到冲淤平衡状态,形成新河道的过程。开启取水口和冲沙闸,模型按照设计单位提供的恒定流量($Q = 913$ m³/s)和含沙量(0.6～13 kg/m³)进行试验。

模型造床过程共进行了 40 h,相当于原型时间 21.4 d。

模型造床过程中,初始 5 h,造床流量按设计提供的流量 913 m³/s 控制,含沙量按含沙量设计范围平均值 7～8 kg/m³ 控制。为缩短模型试验时间、加快造床进程,与设计部门沟通后,含沙量按照最大值 12～13 kg/m³ 控制。

造床试验初期,库区水深较大,水流挟带的泥沙首先在库区末端淤积,沙滩逐渐出露,原有的主河槽被淤死。随时间延长,出露的沙滩越来越多,流路散乱,形成多股河槽(见图 3-5),而且每股河槽摆动不定,流路变化迅速。随着这种水流形态向坝前推进,小河槽数目减少。造床试验后期,库区左侧一股河槽逐渐萎缩消失,而右侧流路河槽沿着开挖引渠逐渐发育展宽顺直,形成正对坝冲沙闸段的单一河槽,如图 3-6 和图 3-7 所示,试验观测到库区出口含沙量为 11.7～12.8 kg/m³,接近进口含沙量 12～13 kg/m³。库区已逐渐达到冲淤平衡状态,模型放水停止,造床结束。

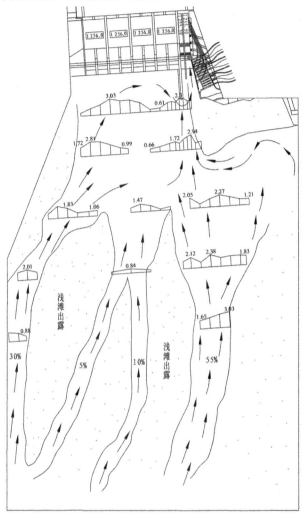

图 3-5　库区造床过程中库区流态、流速分布　(单位:流速,m/s)

造床后枢纽上游地形等高线见图 3-8,造床后库区淤积形态见图 3-9,淤积地形横剖面见图 3-10。由图 3-10 可知,库区淤积严重,淤积地形相对平坦,滩地高程为 1 274.00 ~ 1 276.00 m。塑造的主槽宽度为 100 ~ 200 m,主槽方向沿开挖引渠至冲沙闸,并在取水口附近形成冲刷漏斗,见图 3-11。

3.4.2　不同组合运用取水口进口流态和流速分布

在库区造床淤积地形上依次施放 5 组流量,入库流量分别为 74 m³/s、222 m³/s、913 m³/s、1 300 m³/s、2 500 m³/s,打开相应的泄流建筑物,观测库区、取水口进口流态和流速分布。

3.4.2.1　入库流量 74 m³/s

当入库流量为 74 m³/s(两条沉沙池运用)时,根据水库洪水特点,小流量时含沙量非

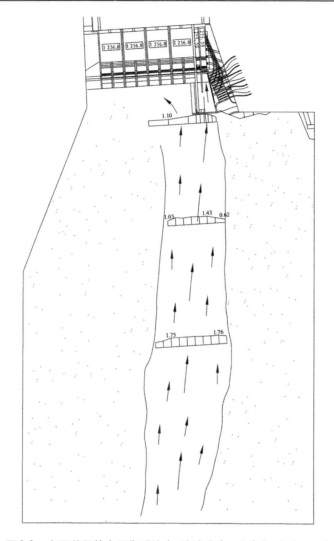

图 3-6   库区淤积基本平衡后流态、流速分布 （单位:流速,m/s）

常小,所以模型不加沙,试验分别观测 1#~4#、5#~8#、9#~12#孔三种组合开启时取水口进口流态,见图 3-12~图 3-14。结果表明,库水位控制在 1 275.50 m,由于引水流量比较小,无论哪两条沉沙池开启,取水口进流均较平顺。

3.4.2.2   入库流量 222 m³/s

试验结果表明,当入库流量为 222 m³/s(清水),取水口 12 孔全部开启引水时,取水口进口流态比较平顺,见图 3-15 和图 3-16。试验量测取水口断面垂线流速和流速分布如图 3-17 和图 3-18 所示。结果表明,1#~11#孔断面流速无论是在平面上还是在垂线上分布均较均匀,各孔平均流速为 1.94~2.25 m/s,12#孔由于受右侧裹头影响,该孔过流量略小于其他孔口,断面平均流速为 1.56 m/s。

3.4.2.3   入库流量 913 m³/s

当入库流量为 913 m³/s 时,共进行了两种组合运用试验。

图 3-7　库区淤积基本平衡($Q=913\ \text{m}^3/\text{s}$)时流态

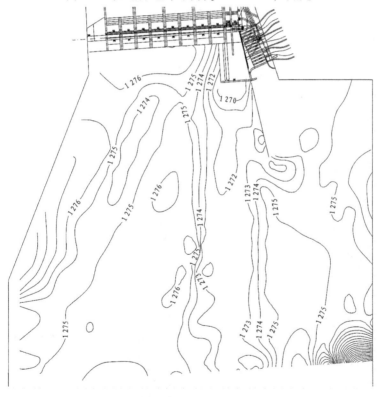

图 3-8　库区造床淤积地形等高线

1. 组次 1

入库流量 913 m³/s,含沙量 5 kg/m³,冲沙闸局部开启,保持库水位在 1 275.50 m,引水流量在 222 m³/s。试验对取水口 12 孔孔口断面流速进行了量测,如图 3-19 和图 3-20 所示。库区流态与流速分布见图 3-21。

图 3-9　造床后库区淤积形态

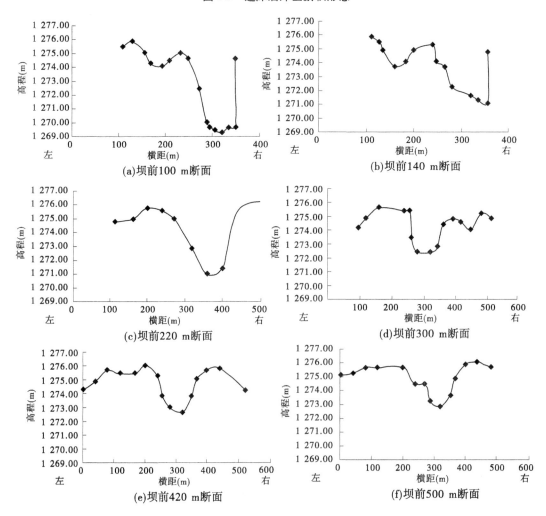

图 3-10　淤积地形横剖面

图 3-11　取水口附近冲刷漏斗

图 3-12　1$^{\#}$ ~ 4$^{\#}$孔开启时取水口进口流态

图 3-13　5$^{\#}$ ~ 8$^{\#}$孔开启时取水口进口流态

图 3-14　9#~12#孔开启时取水口进口流态

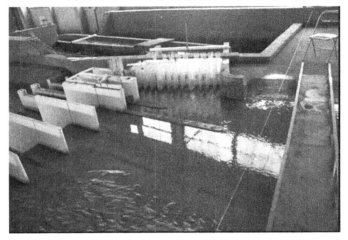

图 3-15　12#孔全部开启时取水口进口流态(一)

图 3-16　12#孔全部开启时取水口进口流态(二)

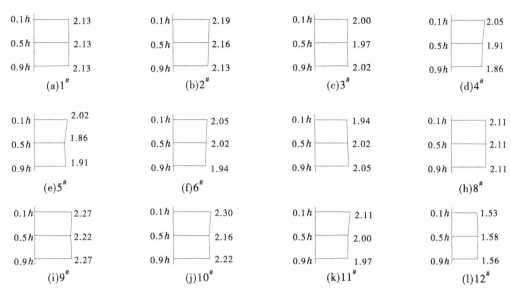

图 3-17 流量 222 m³/s 时取水口孔口断面垂线流速 （单位:m/s）

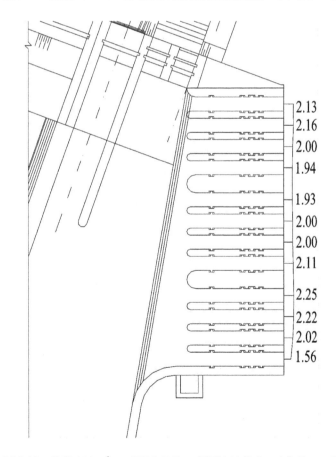

图 3-18 流量 222 m³/s 时取水口孔口断面流速分布 （单位:m/s）

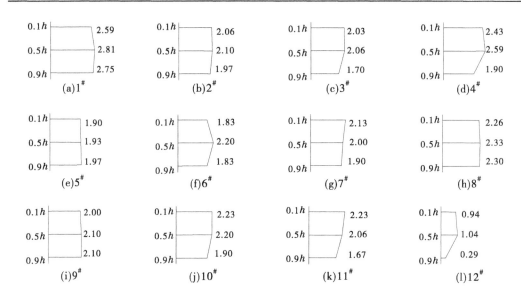

图 3-19　流量 913 m³/s 冲沙闸局部开启时取水口孔口断面垂线流速　（单位：m/s）

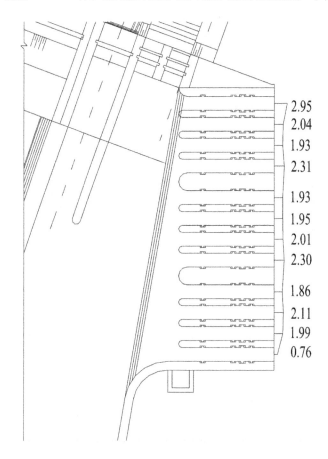

图 3-20　流量 913 m³/s 冲沙闸局部开启时取水口孔口断面流速分布　（单位：m/s）

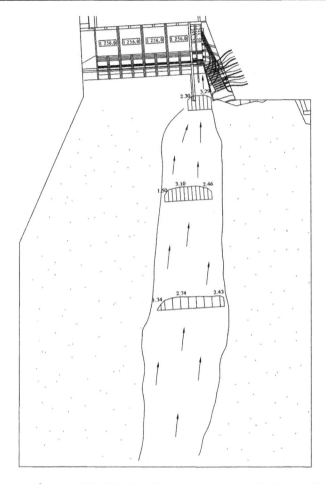

图 3-21　流量 913 m³/s 冲沙闸局部开启时取水口库区流态与流速分布 （单位:流速,m/s）

当取水口正常引水时,根据来流条件,冲沙闸按照设计运用工况正常运用,取水口水面出现波动,尤其是 2 孔 4.5 m×4.5 m 冲沙闸,取水口进口水面波动较大,见图 3-22,进流分布不均,取水口左孔进流大于其他孔,右孔进流小于其他孔,左孔断面平均流速是其他孔的 1.4 倍、是右孔的 3.9 倍。模型观测到在右侧几孔流道内有泥沙淤积,其中第 12# 孔淤积比较严重。库区主流基本在主槽内,断面流速为 1~3 m/s。

2. 组次 2

入库流量 913 m³/s,含沙量 5 kg/m³,冲沙闸全部关闭,溢流坝溢流,库水位 1 277.12 m,取水口闸门局部开启,控制取水口引水流量在 222 m³/s。图 3-23 和图 3-24 为取水口孔口断面流速分布,图 3-25 为库区流态与流速分布。

试验结果表明,流量 913 m³/s 冲沙闸全部关闭溢流坝过流时,取水口进口前流态较平顺,见图 3-26,取水口各孔进流较均匀,左孔断面平均流速与其他孔断面平均流速接近,右孔断面流速略小于其他孔断面平均流速。由于库水位升高,库区水流漫滩,主河槽中最大流速为 1.76 m/s。

3.4.2.4　入库流量 1 300 m³/s

当入库流量达到 1 300 m³/s 时,共进行了 3 种组合运用试验。

图 3-22　冲沙闸冲沙时取水口进口流态

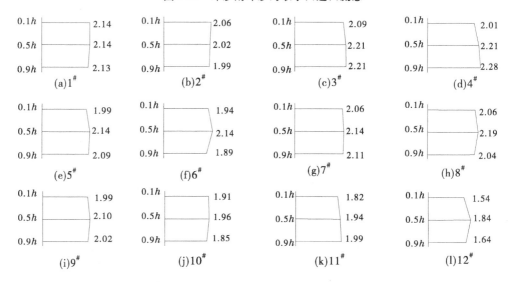

图 3-23　流量 913 m³/s 冲沙闸全部关闭时取水口孔口垂线流速分布　（单位:m/s）

1. 组次 1

入库流量 1 300 m³/s,含沙量 7 kg/m³,取水口引水流量 222 m³/s,冲沙闸全部开启,库水位 1 275.60 m。

图 3-27 和图 3-28 为取水口 12 孔孔口断面垂线流速和流速分布,图 3-29 为库区流态与流速分布。试验结果表明,当取水口正常引水时,冲沙闸全部开启排沙,取水口进口前水面波动较大,见图 3-30,受冲沙闸过流以及取水口右侧裹头影响,取水口进流不均匀,左孔中垂线平均流速明显大于与其他孔,同时受取水口前淤积影响,右侧 3 孔过流流速小于 1 m/s。

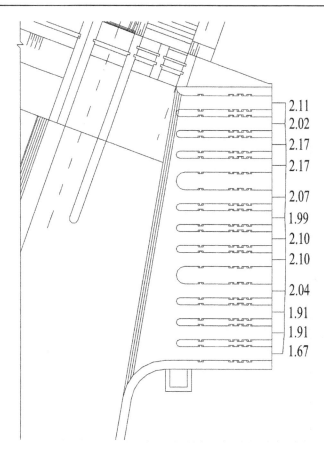

2.11
2.02
2.17
2.17
2.07
1.99
2.10
2.10
2.04
1.91
1.91
1.67

图 3-24　流量 913 m^3/s 冲沙闸全部关闭时取水口孔口断面流速分布　（单位:m/s）

2. 组次 2

入库流量 1 300 m^3/s,含沙量 7 kg/m^3,取水口引水流量 222 m^3/s,2 孔 4.5 m×4.5 m 冲沙闸关闭,8 m×8 m 冲沙闸全部开启,库水位 1 276.66 m。

结果表明,当取水口正常引水时,平板门冲沙闸关闭后,取水口进口前流态较为平顺,但弧形门冲沙闸进口受两侧导墙的影响,闸前水面波动剧烈,见图 3-31。取水口各孔流速分布较开启平板门冲沙闸时均匀,图 3-32 为取水口孔口断面流速分布。

3. 组次 3

入库流量 1 300 m^3/s,含沙量 7 kg/m^3,取水口引水流量 222 m^3/s,冲沙闸全部关闭,溢流坝泄流,库水位 1 277.68 m。

图 3-33 和图 3-34 为取水口孔口断面垂线流速和流速分布,图 3-35 为库区流态与流速分布。结果表明,当取水口正常引水时,冲沙闸全部关闭,取水口进口前水面比较平静,见图 3-36,取水口各孔口进流相对均匀。

3.4.2.5　入库流量 2 500 m^3/s

当入库流量达到 2 500 m^3/s 时,共进行了两种组合运用试验。

1. 组次 1

入库流量 2 500 m^3/s,含沙量 10 kg/m^3,取水口引水流量 222 m^3/s,冲沙闸全部开启,

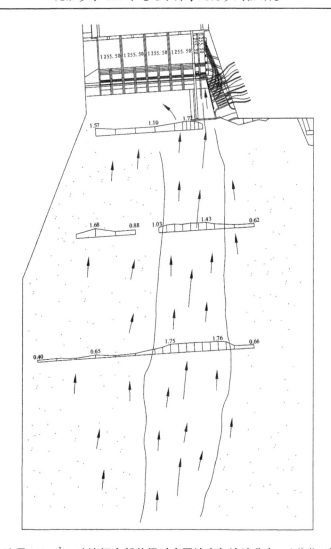

图 3-25　流量 913 m^3/s 冲沙闸全部关闭时库区流态与流速分布　（单位：流速,m/s）

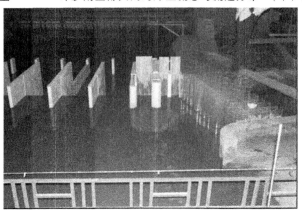

图 3-26　流量 913 m^3/s 冲沙闸全部关闭时取水口进口流态

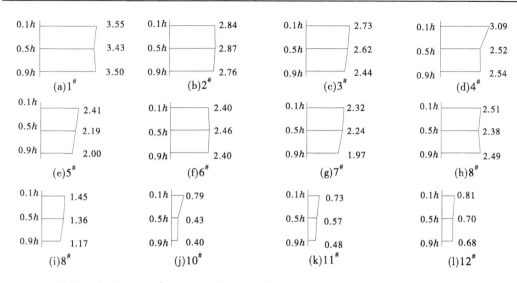

<table>
<tr><td>0.1h ⌐ 3.55
0.5h ⌐ 3.43
0.9h ⌐ 3.50
(a)1#</td><td>0.1h ⌐ 2.84
0.5h ⌐ 2.87
0.9h ⌐ 2.76
(b)2#</td><td>0.1h ⌐ 2.73
0.5h ⌐ 2.62
0.9h ⌐ 2.44
(c)3#</td><td>0.1h ⌐ 3.09
0.5h ⌐ 2.52
0.9h ⌐ 2.54
(d)4#</td></tr>
</table>

<table>
<tr>
<td>0.1h 2.41
0.5h 2.19
0.9h 2.00
(e)5#</td>
<td>0.1h 2.40
0.5h 2.46
0.9h 2.40
(f)6#</td>
<td>0.1h 2.32
0.5h 2.24
0.9h 1.97
(g)7#</td>
<td>0.1h 2.51
0.5h 2.38
0.9h 2.49
(h)8#</td>
</tr>
<tr>
<td>0.1h 1.45
0.5h 1.36
0.9h 1.17
(i)8#</td>
<td>0.1h 0.79
0.5h 0.43
0.9h 0.40
(j)10#</td>
<td>0.1h 0.73
0.5h 0.57
0.9h 0.48
(k)11#</td>
<td>0.1h 0.81
0.5h 0.70
0.9h 0.68
(l)12#</td>
</tr>
</table>

图 3-27　流量 1 300 m³/s 冲沙闸全部开启时取水口孔口断面垂线流速　（单位:m/s）

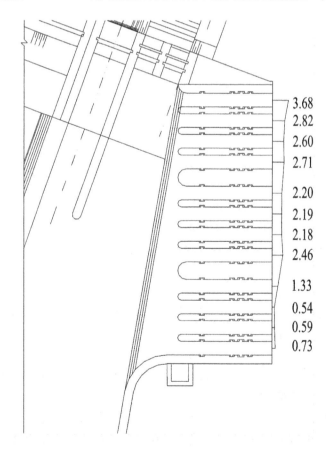

图 3-28　流量 1 300 m³/s 冲沙闸全部开启时取水口孔口断面流速分布　（单位:m/s）

溢流坝泄流,库水位 1 277.10 m。

　　试验结果表明,当取水口正常引水时,冲沙闸全部开启排沙,取水口进口前水面波动

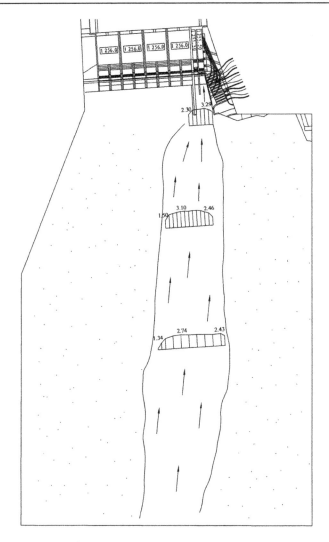

图 3-29　流量 1 300 m³/s 冲沙闸全部开启时库区流态与流速分布　（单位：m/s）

较大,如图 3-37 所示。受冲沙闸过流以及取水口右侧裹头影响,取水口进流不均匀,左孔断面平均流速明显大于右孔,是右孔流速的 1.6 倍。库区主槽流速在 2.0 m/s 左右,滩地流速在 1.0 m/s 左右。图 3-38 和图 3-39 为取水口孔口断面垂线流速和流速分布,图 3-40为库区进口流态与流速分布。

　　2. 组次 2

　　入库流量 2 500 m³/s,含沙量 10 kg/m³,取水口引水流量 222 m³/s,冲沙闸全部关闭,溢流坝泄流,库水位 1 278.50 m。

　　试验结果表明,当冲沙闸全部关闭,取水口引水时,取水口进流平顺,如图 3-41 所示。库区主槽流速在 2.0 m/s 左右,滩地流速在 1.0 m/s 左右。图 3-42 和图 3-43 为取水口孔口断面垂线流速和流速分布,图 3-44 为库区进口流态与流速分布。

图 3-30　流量 1 300 m³/s 冲沙闸全部开启时取水口进口流态

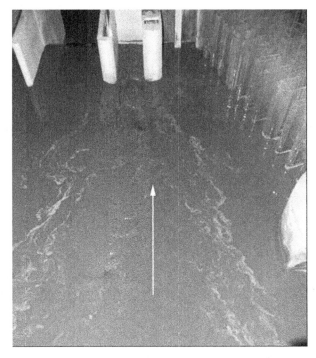

图 3-31　流量 1 300 m³/s 平板门冲沙闸关闭而弧形门冲沙闸开启时取水口进口流态

3.4.3　冲沙闸冲沙试验

　　库区冲淤基本达到平衡后,进行冲沙闸冲沙试验,以观测取水口前漏斗冲淤形态,验

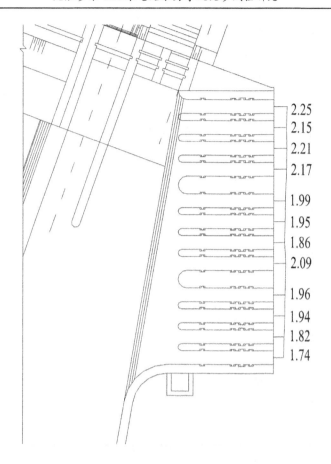

图 3-32　流量 1 300 m³/s 平板门冲沙闸关闭而弧形门冲沙闸
开启时取水口孔口断面流速分布　（单位:m/s）

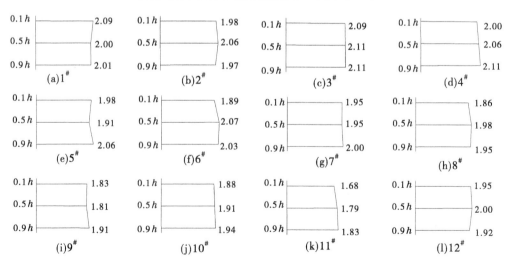

图 3-33　流量 1 300 m³/s 冲沙闸全部关闭而其他开启时取水口孔口断面垂线流速　（单位:m/s）

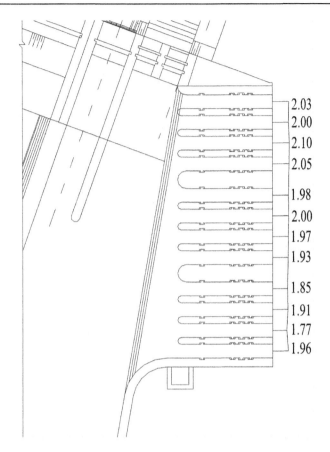

2.03
2.00
2.10
2.05
1.98
2.00
1.97
1.93
1.85
1.91
1.77
1.96

图 3-34　流量 1 300 m³/s 冲沙闸全部关闭而其他开启时
取水口孔口断面流速分布　（单位：m/s）

证冲沙闸的拉沙效果。

与取水口紧邻的为 2 孔 4.5 m×4.5 m 平板门冲沙闸,平板门冲沙闸与左侧弧形门冲沙闸之间有 37 m 长的导墙。冲沙闸排沙试验在库区造床淤积地形上进行,首先进行闸前淤积试验,当闸前淤积面高程达到取水口进口底板高程 1 270.00 m 时,进行冲沙闸排沙试验。

闸前淤积是按照流量 913 m³/s、含沙量 13 kg/m³ 进行试验的,当闸前淤积面高程达到取水口进口底板高程 1 270.00 m 时,对闸前淤积地形进行了量测,图 3-45 为冲沙闸排沙前后闸前不同断面淤积形态。从图中看出,排沙前闸前淤积高程 1 270.00~1 272.00 m。

淤积试验完成后,将来流流量调整为 415 m³/s,关闭取水口闸门,库水位达到 1 275.50 m 时,开启平板门冲沙闸排沙。试验观测到初期冲沙闸出口含沙量较大,随着排沙时间的增长,含沙量逐渐降低,从图 3-46 中看出,前 1 h 排沙效果较好。排沙结束后对闸前地形进行了量测,断面地形高程也绘入图 3-45。

图 3-47 和图 3-48 为排沙后取水口进口漏斗地形和库区地形。结果表明,冲沙闸排沙效果更为显著,取水口前高程 1 268.00 m 以上淤积的泥沙全部排出。

控制流量 1 009 m³/s,库水位达到 1 275.50 m,开启弧形门冲沙闸和平板门冲沙闸继

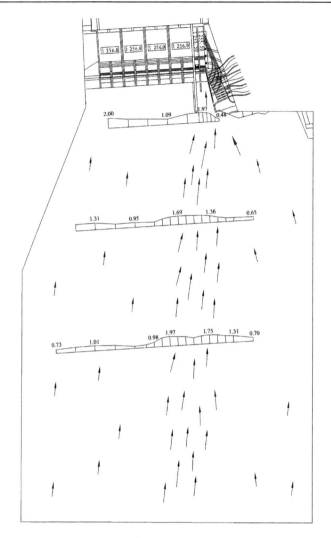

图 3-35　流量 1 300 m³/s 冲沙闸全部关闭而其他开启时
库区流态与流速分布　（单位:流速,m/s）

续进行冲沙试验。试验观测到初期冲沙闸出口含沙量较大,随着排沙时间的增长,含沙量逐渐降低,从图 3-49 中看出,前 1 h 排沙效果较好。冲沙闸全部开启排沙时进口流态见图 3-50。

冲沙闸排沙后库区地形见图 3-51。结果表明,冲沙闸全部开启排沙时效果更为显著,可以在闸前 40 m 范围内保持门前清,如图 3-52 所示,在 40～80 m 范围内淤积面高程将至 1 265～1 268 m,库区引渠内主槽宽度也展宽加深,如图 3-53 所示。

图 3-36　流量 1 300 m³/s 冲沙闸全部关闭而其他开启时取水口进口流态

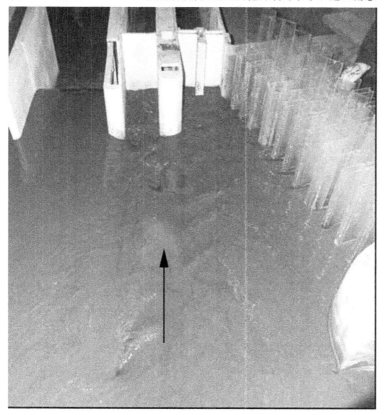

图 3-37　流量 2 500 m³/s 冲沙闸全部开启时取水口进口流态

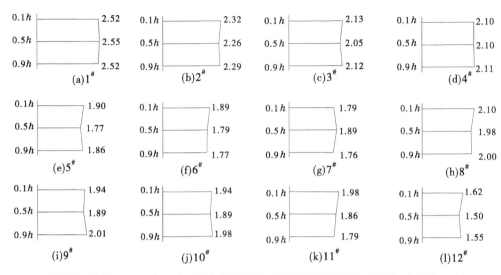

图 3-38　流量 2 500 m³/s 冲沙闸全部开启时取水口孔口断面垂线流速　（单位：m/s）

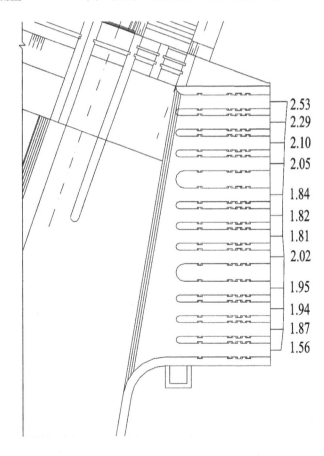

图 3-39　流量 2 500 m³/s 冲沙闸全部开启时取水口孔口断面流速分布　（单位：m/s）

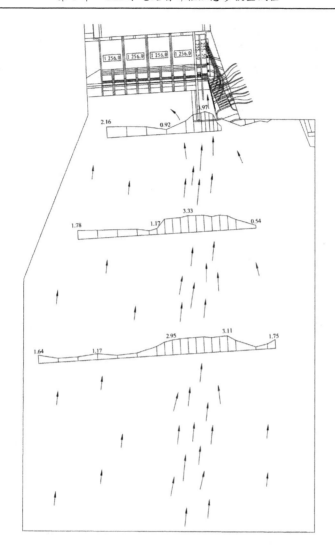

图 3-40　流量 2 500 m³/s 冲沙闸全部开启时库区进口流态与流速分布　（单位:m/s）

3.4.4　排沙管排沙试验

3.4.4.1　取水口前淤积试验

取水口下方 1 263.00 m 高程处布设 4 条排沙管(从左至右编号为 1# ~ 4#),排沙管尺寸为 1.50 m × 2.00 m(高 × 宽)。库区造床试验结束后,冲沙闸前形成一冲刷漏斗,在此基础上观测取水口前泥沙淤积效果及取水口水流含沙量变化情况。试验流量为 250 m³/s,含沙量为 7 kg/m³,关闭冲沙闸和 4 条排沙管,仅开启引水闸,量测沿程含沙量及取水口含沙量,如图 3-54 所示。结果表明,初期漏斗区水深大,流速小,来流挟带的泥沙在进口前的漏斗内淤积,水流含沙量沿程降低,取水口附近水流含沙量较入库含沙量减小31.6%,即取水口前泥沙沉降率为 31.6%。

图 3-41　流量 2 500 m³/s 冲沙闸全部关闭时取水口进口流态

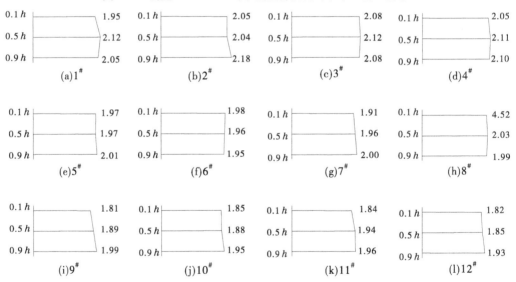

图 3-42　流量 2 500 m³/s 冲沙闸全部关闭时取水口孔口断面垂线流速　（单位:m/s）

随着进口前的漏斗逐渐淤满,取水口前淤积面高程达到 1 270.00 m,取水口水流含沙量逐渐增大,当引水含沙量与入库含沙量接近时,取水口前沉沙能力消失。

3.4.4.2　排沙管排沙试验

当冲刷漏斗淤满时,开启 1# 排沙管开始排沙(来流为清水),排沙过程中对排水管出口含沙量进行观测,试验观测到初期排沙管出口含沙量较大,随着排沙时间的增长含沙量逐渐降低,从图 3-55 中看出,前 40 min 排沙效果较好。

随后又进行 4 条排沙管排沙试验,排沙试验结束后对冲沙闸前地形进行了测量,点绘排沙前后地形,见图 3-56。可以看出,排沙管排沙前,弧形门冲沙闸前淤积高程达到

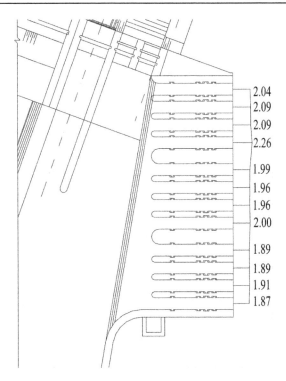

图 3-43　流量 2 500 m³/s 冲沙闸全部关闭时取水口孔口断面流速　（单位:m/s）

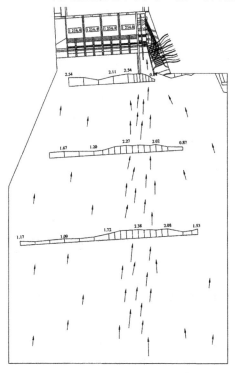

图 3-44　流量 2 500 m³/s 冲沙闸全部关闭时库区进口流态与流速分布　（单位:m/s）

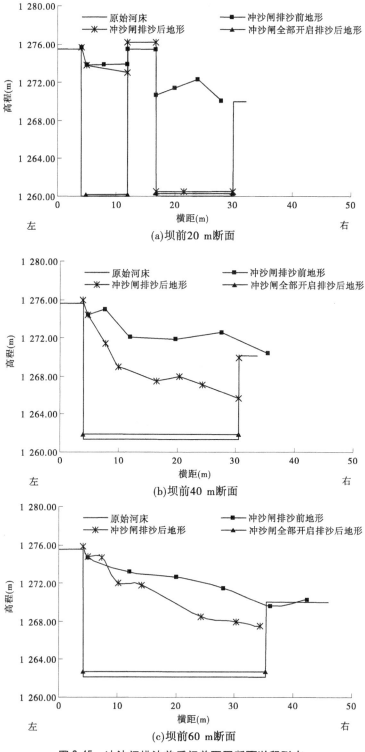

(a)坝前20 m断面

(b)坝前40 m断面

(c)坝前60 m断面

图 3-45　冲沙闸排沙前后闸前不同断面淤积形态

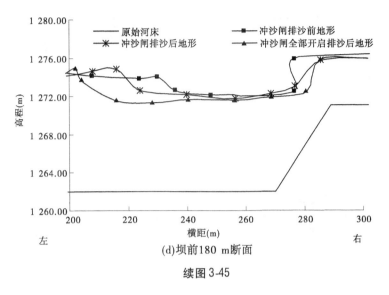

(d)坝前180 m断面

续图 3-45

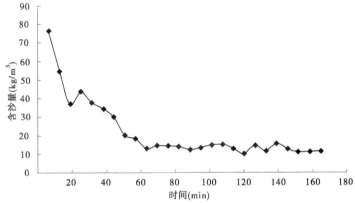

图 3-46　平板门冲沙闸冲沙过程出口含沙量变化

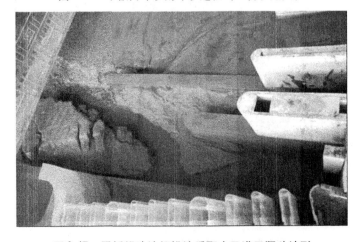

图 3-47　平板门冲沙闸排沙后取水口进口漏斗地形

图 3-48　平板门冲沙闸排沙后库区地形

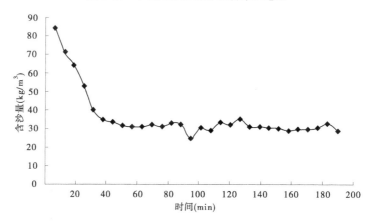

图 3-49　冲沙闸全部开启排沙时出口含沙量过程线

图 3-50　冲沙闸全部开启排沙时进口流态

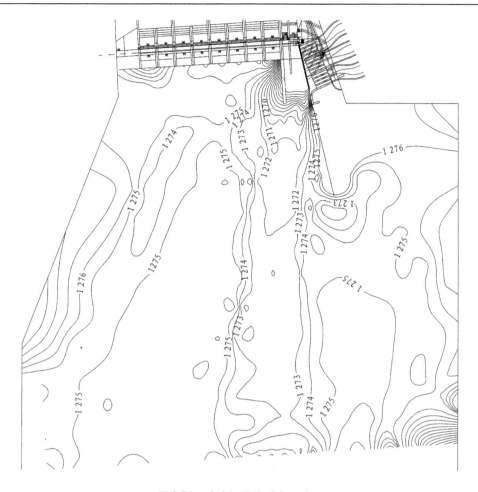

图 3-51　冲沙闸排沙后库区地形

图 3-52　冲沙闸全部开启排沙后取水口进口地形

图 3-53　冲沙闸全部开启排沙后库区地形

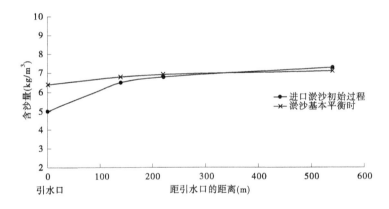

图 3-54　含沙量沿程分布

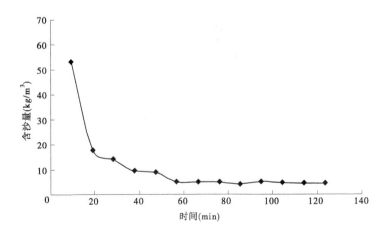

图 3-55　1#排沙管出口含沙量过程线

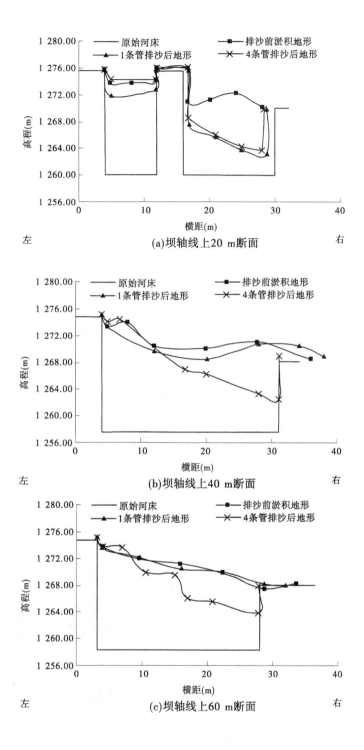

图 3-56　排沙管排沙前后闸前不同断面形态

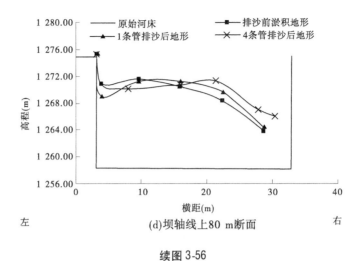

(d)坝轴线上80 m断面

左　　　　　　　　　　　　　　　　　　右

续图 3-56

1 273.80 m,取水口前淤积高程达到 1270.00 ~ 1272.00 m;1 条排沙管拉沙形成的漏斗上口宽约 20 m;4 条排沙管拉沙范围较 1 条时增大,形成的漏斗上口最大宽度约 60 m,见图 3-57。试验表明,排沙管排沙时,排沙管前形成一定范围的冲刷漏斗,对减少取水口进沙有一定效果。

图 3-57　4 条排沙管排沙后取水口进口漏斗形态

3.5　导墙优化后试验

根据原设计方案试验成果和 2011 年 2 月厄瓜多尔首都基多基本设计审查会专家咨询意见,设计单位对溢流坝和冲沙闸局部体形调整优化,按照模型试验补充协议要求对优化方案进行模型试验。优化方案对溢流坝与冲沙闸之间上游导墙体形进行了修改,将向溢流坝一侧扩散 10°的斜导墙修改为垂直溢流坝轴线的顺直导墙,导墙长度为 80 m,顶部高程 1 289.50 m,并将弧形门冲沙闸与平板门冲沙闸上游导墙去掉。

根据模型试验补充协议要求,在 1∶40 冲沙闸模型上,补充进行了导墙优化方案正常水位 1 275.50 m 时,冲沙闸与取水口运用时建筑物前流态观测。

模型试验条件,库水位按正常运用水位 1 275.50 m 控制,流量按开启相应建筑物对应的流量控制。

图 3-58 ~ 图 3-60 为导墙体形修改后取水口和冲沙闸进口流态。与修改前(见图 3-61)相比,库水位 1 275.50 m,弧形门冲沙闸前流态平顺。弧形门冲沙闸和平板门冲沙闸左孔胸墙前有间歇性串通漩涡出现,漩涡直径 1 ~ 3 m。图 3-62 为导墙体形修改后冲沙闸关闭时取水口进口流态。

导墙体形修改后,试验观测了取水口单独运用及冲沙闸与泄水闸联合调度运用时,取水口流速分布。流速分布观测成果见图 3-63 和图 3-64。

试验观测到导墙体形修改后,正常蓄水位 1 275.50 m,冲沙闸关闭,取水口单独运用时,取水口各孔进流比较均匀。同样水位条件下,冲沙闸开启,与取水口联合运用时,对引水进流有所影响,取水口各孔进流不均匀,左侧孔口过流大于右侧孔口。从取水口流速分布看,冲沙闸运用时,与原方案相比,导墙体形修改后取水口取水流速分布变化不大。考虑到溢流坝泄流时,水流平顺,建议采用垂直导墙。

图 3-58　导墙体形修改后取水口进口流态

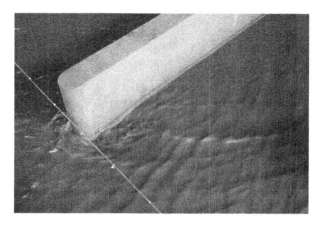

图 3-59　导墙体形修改后取水口导墙裹头处流态

图 3-60　导墙体形修改后冲沙闸进口流态

图 3-61　导墙原设计方案取水口进口流态

图 3-62　导墙体形修改后冲沙闸关闭时取水口进口流态

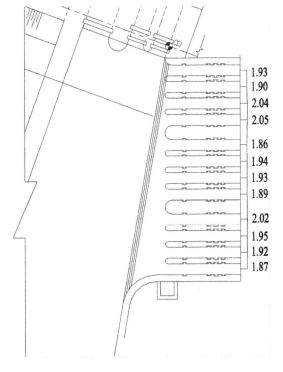

图 3-63　冲沙闸关闭时取水口断面平均流速　（单位：m/s）

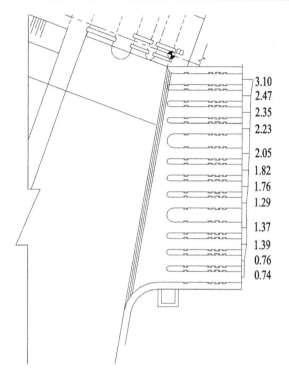

图 3-64　冲沙闸开启时取水口断面平均流速　（单位：m/s）

3.6　结　语

（1）库区造床试验共进行了 21.4 d，控制流量为 913 m³/s，控制含沙量为 7 ～ 13 kg/m³。造床过程经历了库区末端淤积、沙滩出露、流路散乱等变化过程，试验观测到，最后形成较为顺直的单一河槽，河槽宽 100 ～ 150 m、深 2 ～ 3 m，河槽流路方向与开挖引渠基本一致。

（2）在冲沙闸关闭情况下，在 2 条沉沙池和 6 条沉沙池运用时，取水口进流均较平顺，12#孔受右侧裹头影响，流量小于其他孔；冲沙闸特别是平板门冲沙闸开启后，对引水进流有较大的影响，取水口各孔进流不均匀，左侧孔口过流明显大于右侧孔口。

（3）弧形门冲沙闸排沙时，受导墙绕流影响，进口流态较乱，结合溢流坝模型试验成果，建议考虑取消平板门冲沙闸与弧形门冲沙闸之间的导墙。

（4）溢流坝与冲沙闸之间导墙采用直导墙、导墙加长加高、弧形门冲沙闸与平板门冲沙闸上游导墙去掉后，弧形门冲沙闸前流态平顺，导墙修改后对取水口取水影响与原设计相比变化不大，考虑到溢流坝泄流时，水流平顺，建议采用垂直导墙。

（5）当取水口前淤积面高程接近 1 270.00 m，引水口水流含沙量与来流含沙量基本一致时，取水口前漏斗不再具有减少取水口引水水流中泥沙的效果，建议此时开启排沙管或冲沙闸排沙。

（6）冲沙闸运用时，排沙效果明显，基本可以排出取水口前淤沙，冲沙闸设计可以满足冲沙要求。

（7）排沙管排沙时，排沙管前形成一定范围的冲刷漏斗，对减少取水口进沙有一定效果。

（8）由于模型沙的淤积固结过程与原型沙不一定完全相似，因此排沙和拉沙试验的时间参数仅作为定性参考。

第 4 章　CCS 水电站首部枢纽沉沙池模型试验

4.1　沉沙池具体布置

取水口下游接沉沙池,沉沙池为连续冲洗式沉沙池,沉沙池工作流量为 222.00 m³/s,沉沙池共布置 6 条,从左至右编号为 1#～6#,两池室一联,分 3 联布置。沉沙池单池室净宽 13 m,上部竖直部分深 8.2 m,下部梯形部分深 3.5 m,沉沙池底部为平坡,池底高程 1 265.30 m,工作段总长度 152.25 m,有效工作长度 120 m。在每条沉沙池箱体底部设置 4 段长度为 30 m 的排沙孔段,每段布设 58 个尺寸为 0.19 m×0.2 m 的孔口,每条沉沙池下部设置 1 条排沙廊道,廊道宽 2 m,高 1.2～3.7 m,坡度为 2%,两条排沙廊道在沉沙池上游交汇在一起,交汇后 3 条排沙廊道的断面尺寸相同,为 2 m×2 m,左、中、右三条排沙廊道长度分别为 54.86 m、74.45 m、95.54 m,坡度分别为 2.97%、2.53%、2.10%。

沉沙池后接静水池,沉沙池出来的水流在静水池消能后进入输水隧洞,输水隧洞总长 24 825.43 m,内径 8.2 m,洞身坡度为 0.17%,输水隧洞出口水流通过消能进入调蓄水库。输水隧洞进口高程为 1 266.90 m,进口闸室段长 15 m,闸室段宽 6.5 m、高 8.2 m,进口闸室通过长 15 m 的渐变段与洞身连接。输水隧洞进口段布置图及沉沙池平面图、剖面图见图 4-1～图 4-4。

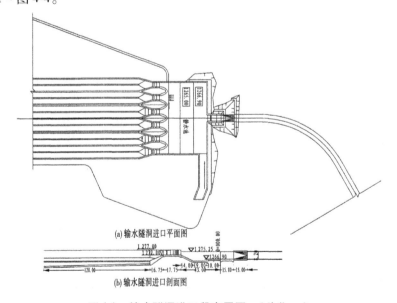

(a) 输水隧洞进口平面图

(b) 输水隧洞进口剖面图

图 4-1　输水隧洞进口段布置图　(单位:m)

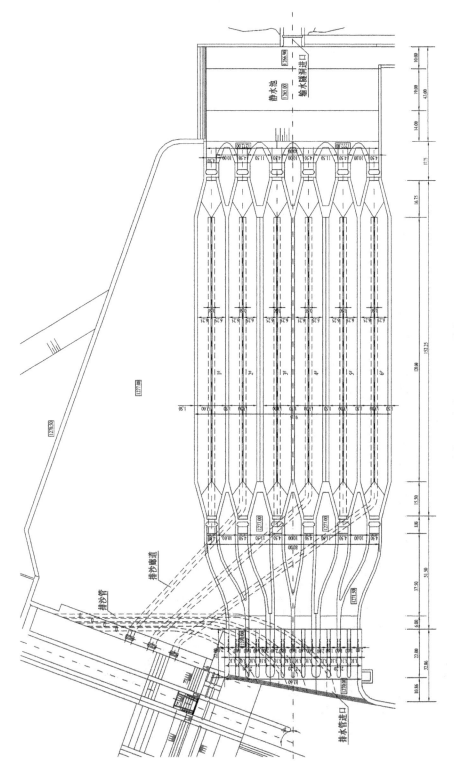

图 4-2 沉沙池平面图 （单位：m）

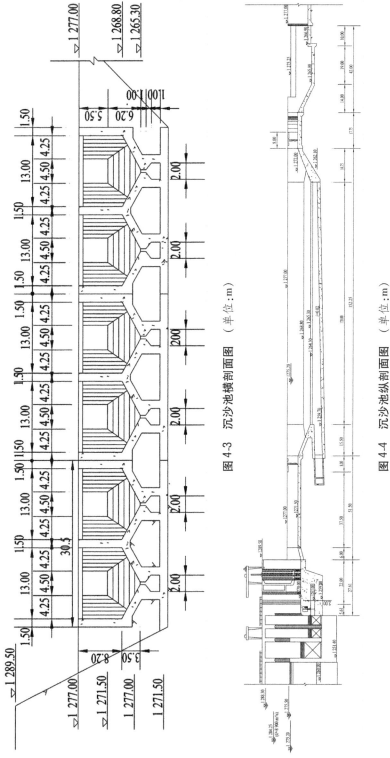

图 4-3　沉沙池横剖面图　（单位：m）

图 4-4　沉沙池纵剖面图　（单位：m）

4.2　试验目的和任务

试验目的是研究沉沙池沉沙和排沙效果、运用方式、沉沙池出口水流与输水隧洞进口水面的衔接等。具体试验任务如下：

(1)观测沉沙池进出口段流态、流速分布。

(2)研究沉沙池的沉沙效果及池内泥沙淤积形态，确定沉沙池的几何尺寸。

(3)研究沉沙池底部排沙廊道的排沙效果以及相应的冲沙流量，分析冲沙时连续供水的合理性。

(4)观测不同沉沙条渠组合运用以及输水隧洞出口运用方式对输水隧洞进流的影响，观测输水隧洞进口静水池流态。

4.3　模型设计

沉沙池在运行期间，泥沙以悬移运动为主，模型设计除满足水流运动相似外，还应满足泥沙运动相似，即满足泥沙沉降和泥沙输移相似。根据试验任务和要求，模型采用正态。

(1)水流运动相似。

重力相似：
$$\lambda_v = \lambda_L^{1/2}$$

阻力相似：
$$\lambda_n = \lambda_L^{\frac{1}{6}}$$

水流连续性相似：
$$\lambda_{t_1} = \lambda_L / \lambda_v = \lambda_L^{\frac{1}{2}}$$
$$\lambda_Q = \lambda_v \lambda_L^2 = \lambda_L^{\frac{5}{2}}$$

(2)泥沙运动相似。

泥沙悬移和沉降相似是根据紊流扩散理论所得到的挟沙水流运动基本方程导出的，对于正态模型，沉速 ω 和流速之间的比尺关系为

$$\lambda_\omega = \lambda_v$$

窦国仁根据沉速关系式 $\omega = \sqrt{\dfrac{4}{3C_d}\dfrac{\gamma_s\gamma}{\gamma}gd}$ [C_d 为颗粒沉降阻力系数，$C_d = \dfrac{\alpha}{\left(\dfrac{\omega d}{v}\right)^\beta}$，其

中 β 随颗粒雷诺数的变化而改变]，推导出泥沙粒径比尺关系为

$$\lambda_d = \frac{\lambda_v^{\frac{\beta}{1+\beta}}\lambda_\omega^{\frac{2-\beta}{1+\beta}}}{\lambda_{\frac{\gamma_s-\gamma}{\gamma}}^{\frac{1}{1+\beta}}}$$

上式中，对于滞流区($d < 0.1$ mm)，$\beta = 1$；对于紊流区($d > 2$ mm)，$\beta = 0$；对于过渡区(0.1 mm $< d < 2$ mm)，β 通过试算求得。

水流挟沙力相似要求模型与原型的输沙能力相似，即水流挟沙力相似，悬移质的输沙能力相似要求含沙量比尺 λ_s 与挟沙力比尺 λ_{s*} 关系为

$$\lambda_s = \lambda_{s*}$$

对于含沙量或挟沙力比尺的确定,一种方法是由挟沙力公式确定,另一种方法是借助于预备试验确定。

水流挟沙力的公式很多,窦国仁根据维利卡诺夫挟沙力公式和假定,推导出含沙量比尺公式

$$\lambda_s = \frac{\lambda_{\gamma_s}}{\lambda_{\frac{\gamma_s-\gamma}{\gamma}}}$$

以上各式中:λ_L 为水平比尺;λ_v 为流速比尺;λ_Q 为流量比尺;λ_n 为糙率比尺;λ_{t_1} 为水流运动时间比尺;λ_ω 为沉速比尺;λ_d 为粒径比尺;λ_s 为含沙量比尺。

4.4　模型比尺确定及模型沙的选择

根据工程规模和试验任务要求,模型几何比尺取 1:20。由于流域泥沙以悬移质为主,设计提供进入沉沙池悬沙级配如图 4-5 所示,入池泥沙中值粒径为 0.1 mm,粒径大于

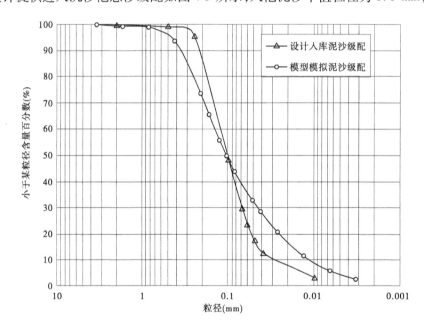

图 4-5　设计原型沙级配及模型沙颗粒级配曲线

0.25 mm 的占 4.3%。悬移质模型沙根据悬移质泥沙运动相似准则进行选择,对于正态模型,悬移质运动的模拟极为困难,由于本模型主要研究沉沙池的泥沙淤积问题,为了探求适用的模型沙,我们广泛调研收集了有关模型沙基本特性的资料。通过综合分析研究,我们认为郑州热电厂粉煤灰的物理化学性能较为稳定,悬浮特性好,同时具备造价低、宜选配加工等优点。该模型沙曾在小浪底枢纽电站防沙、小浪底水库库区、三门峡水库区以及黄河小北干流连伯滩放淤等泥沙模型中采用,并取得了成功的经验。因此,选用郑州热电厂粉煤灰作为本模型的模型沙。郑州热电厂粉煤灰容重为 2.1 t/m³,干容重为 0.78 t/m³,由此可得容重比尺 $\lambda_{\gamma_s} = 2.7/2.1 = 1.29$,干容重比尺 $\lambda_{\gamma_s'} = 1.3/0.78 = 1.679$,相对

容重比尺为 1.55，按原型水温 30 ℃、实验室水温 10 ℃，得水流运动黏滞系数比尺 λ_ν = 0.68，经比较，选配采用模型沙中值粒径为 0.062 8 mm，经比较和选配采用模型沙中值粒径为 0.062 8 mm，即 λ_d = 1.67。由式(3-4)求得含沙量比尺 λ_s = 0.83。将模型沙级配换算成原型并汇入图 4-5 中。从图中可以看出，所选模型沙与设计入池泥沙级配曲线基本吻合，根据模型相似条件计算模型主要比尺见表 4-1。

表 4-1　模型主要比尺汇总

相似条件	比尺名称	比尺	依据	说明
几何相似	水平比尺 λ_L	20	试验任务要求	
水流运动相似	流速比尺 λ_v	4.47	$\lambda_v = \lambda_L^{\frac{1}{2}}$	
	流量比尺 λ_Q	1 789	$\lambda_Q = \lambda_L^{\frac{5}{2}}$	
	水流运动时间比尺 λ_{t_1}	4.47	$\lambda_{t_1} = \lambda_L^{\frac{1}{2}}$	
	糙率比尺 λ_n	1.65	$\lambda_n = \lambda_L^{\frac{1}{6}}$	
悬移质运动相似	容重比尺 λ_{γ_s}	1.29	模型悬沙为粉煤灰	$\gamma_{sm} = 2.1$ t/m³
	相对容重比尺 $\lambda_{\frac{\gamma_s-\gamma}{\gamma}}$	1.55		
	干容重比尺 $\lambda_{\gamma_s'}$	1.68		$\gamma_{sm}' = 0.78$ t/m³
	沉速比尺 λ_ω	4.47		
	粒径比尺 λ_d	1.67		
	含沙量比尺 λ_s	0.83	$\lambda_s = \dfrac{\lambda_{\gamma_s}}{\lambda_{\frac{\gamma_s-\gamma}{\gamma}}}$	

4.5　模型范围及模型制作

该模型包括 12 孔取水口、6 条沉沙池、输水隧洞进口前静水池和长 300 m 的一段输水隧洞，模拟总长度约 600 m，宽度 100 m，模型范围：32 m × 6 m。模型布置见图 4-6 ~ 图 4-10。沉沙池、输水隧洞采用有机玻璃制作，有机玻璃糙率为 0.008 ~ 0.009，换算至原型糙率为 0.013 ~ 0.015，满足阻力相似要求。

模型进口清水和浑水流量用电磁流量计控制，模型沙级配测量采用激光颗分仪，各观测断面含沙量采用比重瓶法测量，库水位采用测针测量，流速采用 Ls - 401 型直读式流速仪(微型螺旋桨流速仪)测读，冲淤地形用水准仪测量。采用摄像技术进行流态和流场描述。

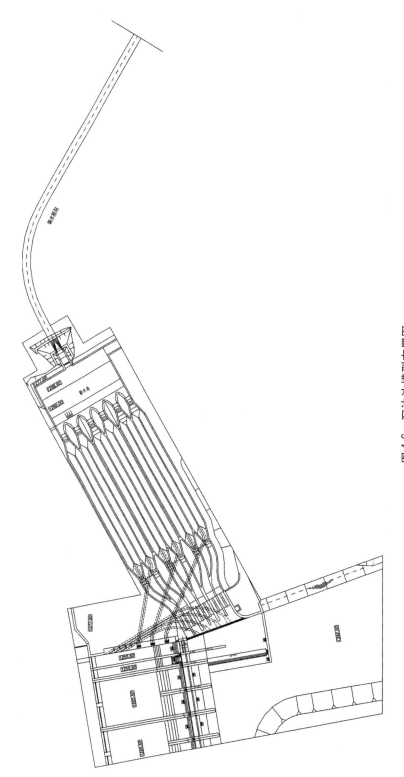

图 4-6　沉沙池模型布置图

图 4-7　模型整体布置

图 4-8　模型沉沙池部分

图 4-9　模型沉沙池进口流道

图 4-10　模型排沙廊道

4.6　原设计方案试验

4.6.1　沉沙池取水口引水流量

　　首部枢纽正常蓄水位为 1 275.50 m,沉沙池工作流量为 222 m³/s,首部枢纽水位达到正常蓄水位时,沉沙池取水口设计引水流量要达到 222 m³/s,为验证沉沙池取水口引水流量,进行了清水模型试验测量。

　　试验控制模型进口流量 222 m³/s,当水流稳定后,对首部枢纽水位、沉沙池内水面高程以及沉沙池出口下游静水池水位进行了测量。试验结果表明,当 6 条沉沙池引水流量222 m³/s 时,模型实测库水位为 1 275.51 m,沉沙池内水面高程为 1 275.21 m,沉沙池出口静水池水位为 1 274.82 m,满足设计要求。

　　试验又分别测量了正常蓄水位条件下,2 条沉沙池和 4 条沉沙池运用时取水流量。结果表明,当首部枢纽正常蓄水位达到 1 275.50 m,4 条沉沙池运用时,引水流量为 153 m³/s,大于设计流量 148 m³/s;2 条沉沙池运用时,引水流量为 78 m³/s,大于设计流量 74 m³/s。由于沉沙池 4 条或者 2 条运用时沉沙池出口静水池水位较 6 条运用时低,因此取水闸取水流量略大。

4.6.2　沉沙池流态与流速分布

　　试验观测了清水条件下,首部枢纽正常蓄水位 1 275.50 m,6 条沉沙池运用,流量 222 m³/s 时沉沙池进口段、池身段及出口段流态及流速分布。结果表明,取水口引水从流道经过渐变段进入沉沙池,渐变段长度 14.5 m,宽度由 4.5 m 渐变至 13 m,渐变段底部坡度为 1:2.5,水流入沉沙池后进口段流态非常紊乱。从图 4-11 和图 4-12 可以看出,在沉沙池有效段前 40 m 范围内,沉沙池水面波状较大,表面水流流动也比较快。图 4-13 和

图 4-14 为沉沙池上游渐变段,距沉沙池有效工作段起始断面 4 m,从图中可知,底部有一反向漩滚,该段水流较为紊乱,表层水流基本为正向,但流线上翘,中部流向有时为正向、有时为反向,底部流向也不稳定,时正时负,但反向概率大一些。图 4-15～图 4-17 为沉沙池有效段起始断面水流流向,可以看出,该断面水流流向规律与渐变段类似,表面为正向,底部大部分为反向流,中部时正时反,流态比较紊乱。

图 4-11　1#～6#沉沙池进口段水流流态

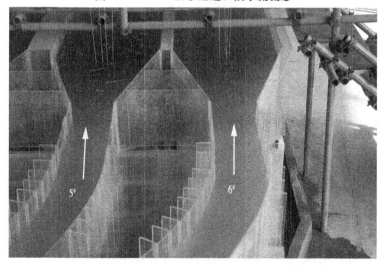

图 4-12　5#、6#沉沙池进口段水流流态

对沉沙池正常工作条件下不同断面流速进行了测量,由于沉沙池内流态紊乱,试验测量的流速仅代表各点时段瞬时速率的平均值,试验对 6#沉沙池有效工作段 0 m、20 m、40 m、60 m、80 m、100 m 沿程 6 个断面(见图 4-18)的流速进行了测量,各断面垂线流速分布如图 4-19 所示。

结果表明,受进口渐变段影响,水流入沉沙池后,在沉沙池前 40 m 范围内流速分布不均匀,在垂线上从水面起 1/3 水深范围内流速偏大,沉沙池有效工作段 0 m 断面上部最大

图 4-13　沉沙池上游渐变段断面水流流向（一）

图 4-14　沉沙池上游渐变段断面水流流向（二）

图 4-15　沉沙池有效段起始断面水流流向（一）

图 4-16　沉沙池有效段起始断面水流流向(二)

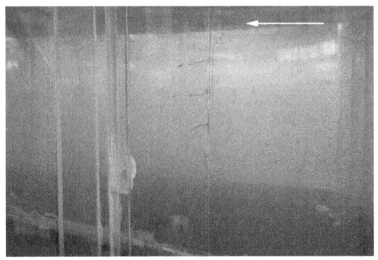

图 4-17　沉沙池有效段起始断面水流流向(三)

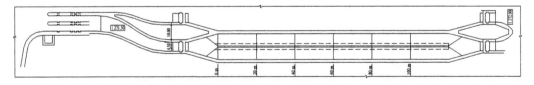

图 4-18　沉沙池测速断面布置图　(单位:m)

流速达到 2.23 m/s,20 m 断面上部最大流速达到 1.75 m/s,40 m 断面上部最大流速达到 0.76 m/s。沉沙池中部以后流速分布渐趋均匀,断面流速为 0.37~0.4 m/s。而在断面分布上为左侧小、右侧大,原因是受沉沙池上游弯曲流道的影响,对于 1# 沉沙池,其流速分布规律与其正好相反。

图 4-19 实测 6# 沉沙池垂线流速分布 （单位：m/s）

4.6.3 沉沙池沉沙效果

4.6.3.1 沉沙池沉降率

从沉沙池进口流速分布看，1# 和 6# 沉沙池进流最不均匀，紊动最大，分析认为，其沉沙效果相对 2# ~5# 沉沙池要差一些。根据沉沙池可能的运用工况，选 6# 和 5# 沉沙池同时运用进行试验观测。

试验条件：取水口水位为 1 275.50 m，引水流量为 78 m³/s，入池泥沙中值粒径为 0.1

mm,入池含沙量0.86 kg/m³、2.6 kg/m³、4.3 kg/m³。结果表明,在试验水沙条件下,沉沙池运用初始全沙沉降率在32%~38%,粒径大于0.25 mm沉降率在80%~91%。

4.6.3.2　沉沙池泥沙淤积情况

试验条件:5#、6#沉沙池引水,沉沙池取水口水位1 275.50 m,引水流量78 m³/s,入池泥沙中值粒径为0.1 mm,为了加快沉沙池淤积速度,缩短放水时间,将入池水流含沙量加大至7.2 kg/m³,淤积18 h(原型时间)后,对沉沙池淤积厚度进行了测量。图4-20为5#和6#沉沙池不同断面淤积横剖面图,图4-21为6#沉沙中心淤积纵剖面图。试验结果表明,沉沙池前30 m范围内,即第1组排沙孔(0~30 m)上部淤积泥沙较多,沉沙池中心断面泥沙淤积厚度2.5~3.4 m,受沉沙池上游流道进流影响,5#、6#沉沙池内左侧淤积面高于右侧,淤积体形状不规则。第2组排沙孔(30~60 m)上部泥沙淤积厚度较上段减小,中心断面泥沙淤积厚度2.0~2.5 m,淤积面分布逐渐均匀。第3组至第4组淤积厚度比较均匀,平均厚度约2.0 m。

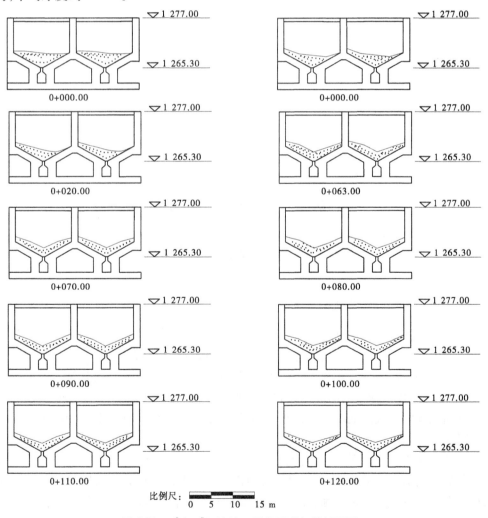

图4-20　5#和6#沉沙池不同断面淤积横剖面图

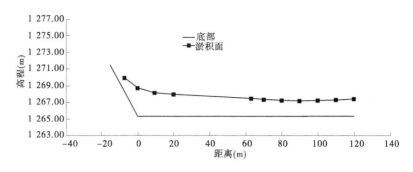

图 4-21　6[#]沉沙池中心淤积纵剖面图

对沉沙池内淤积泥沙进行颗粒分析,结果表明,沉沙池内淤积泥沙较粗,淤积泥沙粒径沿程变细,符合泥沙沉降规律,见图 4-22。

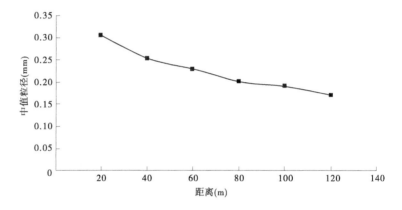

图 4-22　沉沙池淤积泥沙中值粒径沿程变化

4.7　排沙廊道排沙试验

4.7.1　排沙廊道冲沙流量

沉沙池排沙廊道系统复杂,6 条沉沙池的每条沉沙池箱体底部设置 4 段长度为 30 m 的排沙孔段,每段布设 58 个尺寸为 0.19 m×0.2 m 的孔口,每条沉沙池下部设置一条排沙廊道,1[#]与 2[#]沉沙廊道、3[#]与 4[#]沉沙廊道、5[#]与 6[#]沉沙廊道分别在沉沙池上游交汇在一起,交汇后 3 组排沙廊道的断面尺寸和出口高程相同,长度和坡度不同。沉沙池排沙时,依次开启相邻两条沉沙池对应的两组排沙孔。试验测量了 5[#]与 6[#]沉沙池第 1 组排沙孔排沙时排沙廊道的过流能力。

试验条件为廊道内无淤沙,且为清水。试验测量时,沉沙池取水口水位为 1 275.50 m,6 条沉沙池引水流量 222 m³/s,排沙廊道出口水位 1 261.50 m,开启 5[#]与 6[#]沉沙池第 1 组排沙孔,水流稳定后,观测廊道流量。试验 5[#]与 6[#]沉沙池第 1 组排沙孔过流时,排沙廊道流量为 32 m³/s。

4.7.2　排沙廊道冲沙效果

试验步骤:当沉沙池内淤积一定厚度时,打开沉沙池箱体底部排沙孔,进行冲沙。试验条件:5#、6#沉沙池运用,沉沙池取水口水位 1 275.50 m,引水流量 78 m³/s,入池泥沙中值粒径为 0.1 mm,为了加快沉沙池淤积速度,缩短放水时间,将入池水流含沙量加大至 7.2 kg/m³,淤积 18 h(原型时间)后,将入池含沙量由 7.2 kg/m³ 调整至 0.56 kg/m³,此时沉沙池内淤积厚度 2~3.4 m,沉沙池 0~30 m 范围,即第 1 组排沙孔上部淤积厚度 2.5~3.4 m,第 2 组排沙孔上部淤积厚度 2.0~2.5 m,第 3 组至第 4 组淤积厚度比较均匀,平均厚度约 2.0 m。同时打开 5#、6#沉沙池箱体底部第 2 组排沙孔进行排沙,测量廊道排沙时出口含沙量。图 4-23 为排沙廊道排沙时出口含沙量变化过程,排沙初期的最大含沙量可达 90 kg/m³,排沙约 0.25 h 后含沙量接近常数,表明该段淤积泥沙已基本排完,此时,排沙廊道内也无泥沙淤积,而且沉沙池内流态变化不大,沉沙池内水面略有降低。图 4-24 为排沙后 5#、6#沉沙池内泥沙排沙状况。结果表明,该排沙方式效果较好,廊道内无泥沙淤积,满足设计要求。

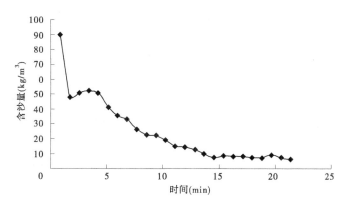

图 4-23　排沙廊道排沙时出口含沙量变化过程

图 4-24　排沙后 5#、6#沉沙池内泥沙排沙状况

4.8　输水隧洞试验

4.8.1　隧洞进口前静水池水流流态

　　6 条沉沙池在出口段是先收缩(宽度由 13 m 渐变至 4.5 m)进入闸室,后扩散(宽度由 4.5 m 渐变至 13 m)进入静水池。从沉沙池出来的水流通过静水池调整后再进入输水隧洞,静水池内流态的优劣对隧洞内水流流态会产生较大的影响。

　　试验结果表明,引水流量为 222 m³/s,6 条沉沙池运用,由于静水池中水位较高,水流出沉沙池后,呈淹没状态,对应各沉沙条渠,在出口闸室隔墩尾部附近产生较弱的波状水跃,由于静水池容积较大,消能较充分,波状水跃在较短的范围内就趋于消失,隧洞进口前静水池内水面较为平顺,如图 4-25 所示。由于 1# 和 6# 沉沙池条渠出口扩散宽度较 2# ~ 5# 小,出流相对集中,水流顶冲至输水隧洞进口两侧边墙后各产生一个弱回流,挤压 2# 和 5# 两条沉沙池条渠出流,使得 2# 沉沙池条渠出流偏向右侧,而 5# 沉沙池条渠出流偏向左侧,3# 和 4# 沉沙池条渠出流基本对称。试验还观测了 4 条沉沙池条渠运用(1#、2#、5#、6# 组合)时静水池流态,如图 4-26 所示,从图中可以看出,4 条沉沙池条渠运用时静水池中水位较 6 条运用时低,沉沙池条渠出流衔接为漩滚不明显弱水跃,池内两侧水面波动幅度增大,在此组合条件下对隧洞进流影响不大。图 4-27 ~ 图 4-29 分别是 1# 和 2#、3# 和 4#、5# 和 6# 等运用组合时静水池流态,从图中可以看出,2 条运用时,沉沙池条渠出流衔接为漩滚明显的稳定水跃,水流沿着 1∶2 的坡入静水池内,入水处溅起浪花,至隧洞进口水面较为平静,此组合条件下对隧洞进流影响不大。

图 4-25　流量 222 m³/s 6 条沉沙池运用时静水池内水流流态

4.8.2　沉沙池不同运用工况下静水池水面线

　　试验测量了 2 条沉沙池运用(1#、2# 组合,3#、4# 组合,5#、6# 组合)、4 条沉沙池运用(1#、2#、5#、6# 组合)以及 6 条沉沙池运用静水池水面线。图 4-30 为 2 条沉沙池不同运用组合静水池水面线,表 4-2 是对应过流沉沙池轴线方向水面高程。从图 4-30、表 4-2 可以

图 4-26　流量 148 m³/s 时 1#、2#、5#、6# 4 条沉沙池条渠运用时静水池流态

图 4-27　流量 74 m³/s 时 1#、2# 2 条沉沙池条渠运用时静水池流态

图 4-28　流量 74 m³/s 时 3#、4# 2 条沉沙池条渠运用时静水池流态

看出,沉沙池 2 条条渠运用,水流入静水池时,水面跌落,不同组合运用静水池内水面高程较为接近,均为 1 270.60 m~1 271.30 m。图 4-31 分别为 2 条沉沙池运用(5#、6#组合)、4

图 4-29　流量 74 m³/s 时 5#、6# 2 条沉沙池条渠运用时静水池流态

条沉沙池运用(1#、2#、5#、6#组合)以及 6 条沉沙池运用组合静水池水面线,表 4-3 为 3 种沉沙池运用组合静水池 5#沉沙池条渠轴线水面高程。从图 4-31、表 4-3 中看出,2 条条渠运用时,静水池池中水位较低,池中水面高程约为 1 270.91 m;4 条条渠运用时,静水池池中水位较 2 条运用时高,池中水面高程约为 1 273.00 m,6 条运用时静水池水面高程1 274.73 m。

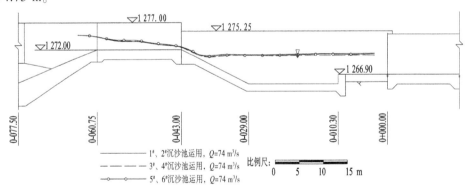

图 4-30　2 条沉沙池不同运用组合静水池水面线

表 4-2　3 种沉沙池运用组合静水池水面高程

桩号	水面高程(m)					
	1#、2#沉沙池运用		3#、4#沉沙池运用		5#、6#沉沙池运用	
	1#池轴线	2#池轴线	3#池轴线	4#池轴线	5#池轴线	6#池轴线
0−064.75	1 274.98	1 274.94	1 274.98	1 274.92	1 274.97	1 274.95
0−062.75	1 274.88	1 274.84	1 274.88	1 274.92	1 274.91	1 274.85
0−060.75	1 274.60	1 274.56	1 274.66	1 274.66	1 274.63	1 274.59
0−058.75	1 274.18	1 274.18	1 274.24	1 274.23	1 274.27	1 274.15
0−056.75	1 273.80	1 273.78	1 273.90	1 273.88	1 273.99	1 273.81
0−054.75	1 273.67	1 273.60	1 273.79	1 273.81	1 273.95	1 273.77
0−052.75	1 273.69	1 273.65	1 273.75	1 273.99	1 273.95	1 273.95

续表 4-2

| 桩号 | 水面高程(m) | | | | | |
| | 1#、2#沉沙池运用 | | 3#、4#沉沙池运用 | | 5#、6#沉沙池运用 | |
	1#池轴线	2#池轴线	3#池轴线	4#池轴线	5#池轴线	6#池轴线
0-050.75	1 273.50	1 273.61	1 273.55	1 273.64	1 273.63	1 273.63
0-048.75	1 273.20	1 273.29	1 273.19	1 273.28	1 273.32	1 273.32
0-046.75	1 272.94	1 273.15	1 272.97	1 273.08	1 273.15	1 273.15
0-044.75	1 272.78	1 273.06	1 272.81	1 272.90	1 272.91	1 272.91
0-043.15	1 272.54	1 272.86	1 272.50	1 272.60	1 272.61	1 272.89
0-038.75	1 270.84	1 270.80	1 270.64	1 270.62	1 270.75	1 270.75
0-034.75	1 270.96	1 270.92	1 270.62	1 270.66	1 270.79	1 270.75
0-030.75	1 270.96	1 270.88	1 270.80	1 270.70	1 270.81	1 270.81
0-024.75	1 270.94	1 271.14	1 270.72	1 270.74	1 270.79	1 270.79
0-018.75	1 271.06	1 271.22	1 270.78	1 270.78	1 270.91	1 270.91
0-012.75	1 271.16	1 271.30	1 270.78	1 270.88	1 271.05	1 271.05
0-006.75	1 271.16	1 271.26	1 270.84	1 270.86	1 270.99	1 271.13
0-002.75	1 271.22	1 271.26	1 270.84	1 270.84	1 271.11	1 271.15

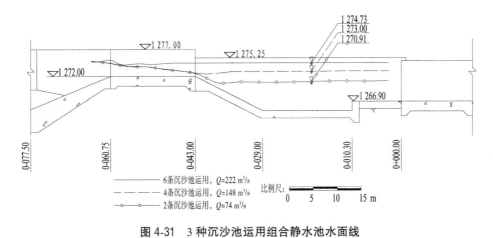

图 4-31　3 种沉沙池运用组合静水池水面线

表 4-3　3 种沉沙池运用组合静水池 5#沉沙池条渠轴线水面高程

| 桩号 | 水面高程(m) | | |
	5#、6#沉沙池运用，流量 74 m³/s	1#、2#、5#、6#沉沙池运用，流量 148 m³/s	6 条沉沙池运用，流量 222 m³/s
0-064.75	1 274.97	1 274.92	1 275.11
0-062.75	1 274.91	1 274.94	1 274.05
0-060.75	1 274.63	1 274.70	1 274.33
0-058.75	1 274.27	1 274.32	1 274.47
0-056.75	1 273.99	1 274.04	1 274.41

续表 4-3

桩号	水面高程(m)		
	5#、6#沉沙池运用,流量 74 m³/s	1#、2#、5#、6#沉沙池运用,流量 148 m³/s	6 条沉沙池运用,流量 222 m³/s
0-054.75	1 273.95	1 273.98	1 274.57
0-052.95	1 273.96	1 273.95	1 274.46
0-050.75	1 273.63	1 273.64	1 274.51
0-048.75	1 273.32	1 273.40	1 274.64
0-046.75	1 273.15	1 273.18	1 274.71
0-044.75	1 272.91	1 272.94	1 274.69
0-043.15	1 272.61	1 272.68	1 274.69
0-040.75	1 271.69	1 272.46	1 274.70
0-037.35	1 270.57	1 272.71	1 274.71
0-035.35	1 270.73	1 272.97	1 274.71
0-030.75	1 270.81	1 272.98	1 274.72
0-024.75	1 270.79	1 272.97	1 274.71
0-018.75	1 270.91	1 273.00	1 274.73
0-012.75	1 271.05	1 273.06	1 274.75
0-006.75	1 270.99	1 273.06	1 274.73

4.8.3 隧洞内水流流态

输水隧洞为明流,进口与沉沙池静水池相连,静水池宽 77.9 m,输水隧洞进口宽 6.5 m、高 8.2 m,经过长 15 m 方变圆渐变段与直径为 8.2 m 的洞身连接,洞身坡度为 0.17%。引水流量 222 m³/s,6 条沉沙池运用时隧洞内水流流态如图 4-32 和图 4-33 所示。从图中可以看出,水流自静水池进入隧洞后,过流断面急剧缩窄,在隧洞进口产生明显的水面跌落,导致隧洞内水面波动剧烈。

4.8.4 隧洞内水面线

试验分别测量了流量为 74 m³/s(3#、4# 2 条沉沙池运用)和 222 m³/s(6 条沉沙池运用)时隧洞进口段及洞身段水面线,表 4-4 和表 4-5 为实测洞内水深。结果表明,当 2 条沉沙池运用时,隧洞进口静水池池中水面高程为 1 270.78 m,洞内水深 2.82~3.76 m。当 6 条沉沙池正常运用时,隧洞进口静水池水面高程为 1 274.73 m,洞内水深为 5.82~7.14 m,在渐变段有水跃产生。

图 4-32　原方案引水流量 222 m³/s 时隧洞进口段流态

图 4-33　原方案引水流量 222 m³/s 时隧洞内流态

表 4-4　流量 74 m³/s 原方案输水隧洞沿程水深

桩号	水深(m)	桩号	水深(m)
0−006.75	3.96	0+126.00	3.01
0−002.75	3.94	0+135.00	3.21
0+000.00	3.74	0+149.00	2.82
0+001.60	3.76	0+163.00	3.10
0+004.40	3.44	0+175.00	3.26
0+010.60	3.48	0+191.00	3.23
0+015.00	3.38	0+201.00	3.28
0+030.40	3.28	0+215.00	3.26
0+050.40	3.52	0+227.00	3.34
0+065.00	3.48	0+241.00	3.20
0+079.00	3.54	0+255.00	3.00
0+095.00	3.42	0+280.00	3.04

表 4-5　流量 222 m^3/s 原方案输水隧洞沿程水深

桩号	水深(m)	桩号	水深(m)
0−008.75	7.76	0+137.00	6.28
0−002.75	7.74	0+151.00	5.88
0+020.20	6.18	0+160.20	7.02
0+027.00	6.98	0+165.00	6.08
0+038.00	6.12	0+176.60	6.84
0+043.60	7.14	0+187.00	6.18
0+050.80	6.48	0+195.00	6.68
0+059.00	7.08	0+201.00	6.28
0+067.00	6.28	0+213.00	6.78
0+077.00	7.12	0+219.00	6.48
0+083.00	6.48	0+227.00	6.94
0+089.00	6.98	0+233.00	6.48
0+097.60	6.10	0+243.00	6.74
0+107.80	6.78	0+251.00	6.20
0+114.60	5.82	0+258.60	6.84
0+123.00	6.62	0+271.60	6.04
0+128.60	6.22	0+280.20	6.82

4.8.5　输水隧洞进口体形优化试验

由于原设计方案水流在隧洞进口段产生明显的水面跌落,洞内沿程水面波动剧烈,为了消除洞内水面波动,平顺洞内流态,需要修改优化隧洞进口段体形。试验进行了多种体形的修改,目的是将隧洞进口两侧直边墙改为曲线形边墙,以改善进口流态。首先将原设计隧洞进口两侧边墙改为半径 4 m 的半圆柱状,如图 4-34 所示。图 4-35 和图 4-36 是隧洞进口体形修改后,6 条沉沙池运用(引水流量 222 m^3/s)时流态。图 4-37 和图 4-38 分别为 4 条沉沙池运用(引水流量 148 m^3/s)时修改前后隧洞进口段流态。可以看出,将原设计隧洞进口两侧边墙改为半径 4 m 的半圆柱状后,洞内流态明显改善。后又将隧洞进口两侧边墙改为半径 10 m 的半圆柱状,观测了 6 条沉沙池运用(引水流量 222 m^3/s)时流态,与半径 4 m 半圆弧修改方案相比,流态改善不明显。

最后将隧洞进口两侧边墙曲线改为 1/4 椭圆,椭圆方程为 $\dfrac{x^2}{8^2}+\dfrac{y^2}{4^2}=1$,见图 4-39。试验分

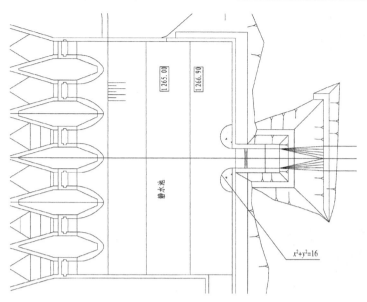

图 4-34　隧洞进口两侧边墙采用 $R=4.0$ m 的半圆弧修改体形布置图

图 4-35　$R=4.0$ m 的半圆弧进口修改体形 6 条沉沙池运用隧洞进口流态

图 4-36　$R=4.0$ m 的半圆弧进口修改体形 6 条沉沙池运用洞内流态

图 4-37　原方案 4 条沉沙池运用时洞内流态

图 4-38　R=4.0 m 的半圆弧进口修改体形 4 条沉沙池运用时洞内流态

别观测了 6 条沉沙池运用(引水流量 222 m³/s)、4 条沉沙池运用(引水流量 148 m³/s)、2 条沉沙池运用(引水流量 74 m³/s)时隧洞流态与水面线。图 4-40~图 4-45 分别为三种运用工况隧洞进口段流态,表 4-6~表 4-8 是洞内沿程水深。可以看出,该修改体形与原设计体形相比,洞内进口段水面跌落减小,洞内水面波动幅度明显减小。

隧洞进口段体形修改后,洞内进口段水面跌落减小,洞内流态也得到改善。几种修改体形相比较,隧洞进口两侧边墙曲线为半径 4 m 半圆弧方案和 1/4 椭圆曲线方案相对较优,但引水流量 222 m³/s 时,洞内水流波动仍较大,且进口段局部最小洞顶余幅只有 7.5%,不满足规范要求,建议将洞进口段及渐变段洞顶抬高 1 m,渐变段长度加长,以满足洞顶余幅的要求。

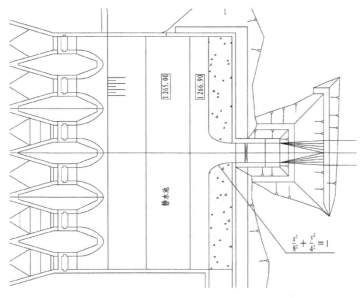

$$\frac{x^2}{8^2} + \frac{y^2}{4^2} = 1$$

图 4-39　隧洞进口两侧边墙曲线采用 1/4 椭圆修改体形布置图

图 4-40　1/4 椭圆修改体形 6 条沉沙池运用隧洞进口流态

图 4-41　1/4 椭圆修改体形 6 条沉沙池运用隧洞洞内流态

图 4-42　1/4 椭圆修改体形 4 条沉沙池运用隧洞进口流态

图 4-43　1/4 椭圆修改体形 4 条沉沙池运用隧洞洞内流态

图 4-44　1/4 椭圆修改体形 2 条沉沙池运用隧洞进口流态

图 4-45　1/4 椭圆修改体形 2 条沉沙池运用隧洞洞内流

表 4-6　1/4 椭圆修改体形流量 222 m³/s 隧洞沿程水深

桩号	水深（m）	桩号	水深（m）
0-008.75	7.91	0+139.60	6.36
0-008.00	7.51	0+145.40	5.97
0-004.00	7.01	0+151.80	5.82
0+000.00	6.53	0+158.80	6.25
0+004.40	5.87	0+164.20	5.98
0+005.00	6.13	0+171.60	6.44
0+010.60	6.39	0+175.00	6.28
0+013.80	6.85	0+180.00	6.29
0+020.90	6.18	0+185.40	6.08
0+027.50	7.15	0+192.20	6.59
0+034.20	6.20	0+199.40	6.38
0+043.00	6.84	0+205.00	6.39
0+050.00	6.29	0+209.40	6.20
0+054.00	6.56	0+215.00	6.13
0+057.00	6.86	0+221.20	6.50
0+065.00	5.97	0+228.00	6.35
0+071.40	6.59	0+233.40	5.98
0+074.20	6.69	0+240.00	6.21
0+079.20	6.20	0+247.00	6.14
0+088.00	6.63	0+252.80	6.05
0+099.00	5.99	0+255.00	6.24
0+105.80	6.66	0+259.00	6.52
0+111.00	6.05	0+262.80	6.47
0+117.20	6.30	0+271.40	5.93
0+119.60	6.51	0+278.80	6.32
0+128.60	6.02	0+287.80	6.19
0+135.00	5.91	0+295.00	6.07

表 4-7　1/4 椭圆修改体形流量 148 m³/s 隧洞沿程水深

桩号	水深(m)	桩号	水深(m)
0−007.00	4.36	0+133.60	4.90
0+015.00	4.56	0+138.80	4.74
0+020.40	4.34	0+145.40	4.66
0+029.40	4.43	0+154.00	4.68
0+042.40	4.82	0+166.20	4.83
0+048.81	4.23	0+173.00	4.53
0+055.00	4.52	0+180.00	4.54
0+060.40	4.41	0+189.00	4.55
0+066.40	4.74	0+199.00	4.54
0+077.60	4.40	0+211.40	4.59
0+081.20	4.61	0+219.60	4.53
0+086.20	4.33	0+235.40	4.72
0+094.40	4.86	0+248.00	4.66
0+099.00	4.46	0+259.40	4.47
0+109.60	4.81	0+277.60	4.64

表 4-8　1/4 椭圆修改体形流量 74 m³/s 隧洞沿程水深

桩号	水深(m)	桩号	水深(m)
0−008.00	3.96	0+090.40	3.76
0−004.00	3.84	0+109.40	3.72
0+000.00	3.78	0+127.00	3.71
0+004.40	3.76	0+148.00	3.71
0+009.70	3.80	0+173.40	3.76
0+015.00	3.82	0+192.20	3.82
0+029.60	3.80	0+216.40	3.84
0+049.60	3.68	0+238.20	3.82
0+064.60	3.74	0+266.40	3.82

4.9　沉沙池优化修改试验

根据原设计方案试验成果,水流入沉沙池后,沉沙池前 40 m 范围内流速分布不均匀,从水面起 1/3 水深范围内流速偏大,最大流速达到 0.76~2.2 m/s,不利于沉沙池沉沙。试验水沙条件下,沉沙池全沙沉降率为 32%~38%,粒径大于 0.25 mm 沉降率为 80%~91%,不满足设计要求,据此对沉沙池体形进行修改优化。

4.9.1　沉沙池 120 m 增设整流设施

4.9.1.1　沉沙池首端增设一道整流板

为了改善沉沙池流态,在沉沙池首端(桩号 0 断面)增设一道整流板,整流板布置如图 4-46 和图 4-47 所示。整流板孔口直径为 0.6 m,孔中心距为 1.0 m,单个整流板上共布设 112 个孔,孔口过流面积是原断面过流面积的 28%。为了研究整流板的整流效果,仅对 6#沉沙池条渠进行整流效果试验测量。

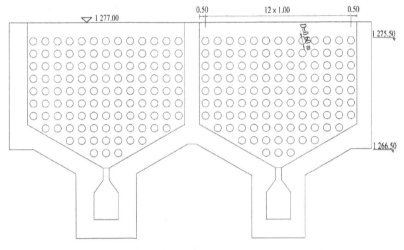

图 4-46　整流板布置图　(单位:m)

试验控制首部枢纽水位 1 275.50 m,沉沙池下游静水池水位 1 274.73 m,相当于 6 条沉沙池运用,试验对加整流板后 6#沉沙池条渠的流态、水面线和断面流速进行了观测。

图 4-48 为 6#沉沙池条渠加整流板前后水面线变化,从图中可以看出,沉沙池条渠加整流板后,板上游产生壅水,首部枢纽水位为 1 275.50 m 时,沉沙池条渠水面降低约 0.2 m,原因是加整流板后,水头损失加大,取水口取水流量减小约 3%。试验保持流量不变,对加整流板前后的水面线进行了对比测量,结果见图 4-49,可以看出,相同流量条件下,加整流板后,沉沙池条渠水面保持一致,但整流板上游水面平均升高 0.25 m。

对加整流板后 6#沉沙池条渠桩号 0+020.00、0+040.00 断面的流速进行测量,结果如图 4-50 所示,同时与原设计方案相同水流条件下 6#沉沙池条渠对应断面流速分布对比,可以看出,布设整流板后沉沙池前 40 m 断面表面最大流速明显降低,但断面垂线流速分布仍然不均匀,需要进一步优化。

图 4-47　整流板模型

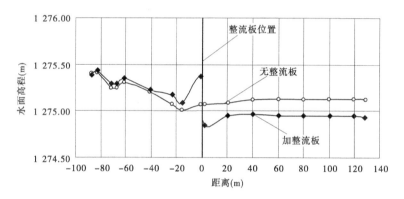

图 4-48　6#沉沙池条渠加整流板前后水面线变化(相同首部枢纽水位)

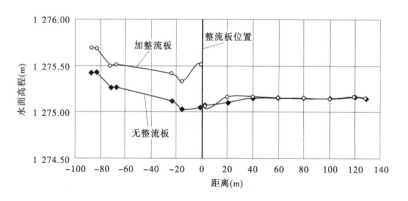

图 4-49　6#沉沙池条渠加整流板前后水面线变化(相同流量)

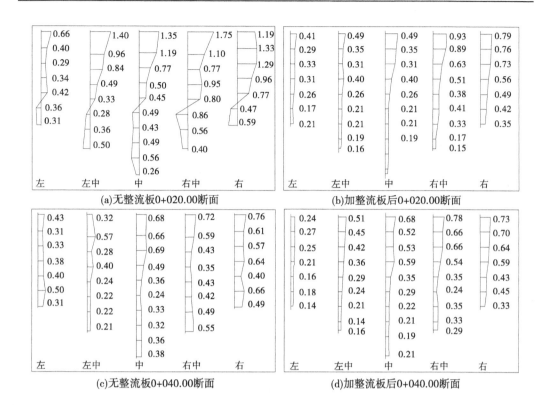

图 4-50　6#沉沙池条渠加整流板前后不同断面流速分布　（单位:m/s）

4.9.1.2　沉沙池渐变段增设四道整流栅

为了进一步改善沉沙池流态,在沉沙池渐变段增设四道整流栅,通过过渡段整流栅来调整入池流速不均匀分布状态。整流栅的布置如图 4-51 所示。

第 1 道整流栅位于渐变段 4.25 m 处,栅条直径 85 mm,栅条间距 280 mm;第 2 道整流栅距第 1 道 1.1 m,栅条直径 70 mm,栅条间距 215 mm;第 3 道整流栅距第 2 道 0.9 m,栅条直径 60 mm,栅条间距 165 mm;第 4 道整流栅距第 3 道 0.7 m,栅条直径 50 mm,栅条间距 120 mm;每道整流栅上设 3 根横梁,横梁高度 160 mm,整流栅与底板之间预留 0.5 m 的缝隙。

试验控制首部枢纽水位 1 275.5 m,沉沙池下游静水池水位 1 274.73 m,相当于 6 条沉沙池运用,试验对加四道整流栅后 6#沉沙池条渠的流态和断面流速进行了观测。图 4-52 所示为沉沙池整流栅附近水流流态,从图中可以看出,4 道整流栅之间的间距较小,水流过一道栅后没有得到恢复就又通过下一道栅,减弱了栅的稳流作用,另外第 4 道栅后还产生弱水跃,不利于沉沙池水流稳定。图 4-53 为加设四道整流栅后,沉沙池前 20 m 断面流速分布,与加栅前相比,流速明显减小,但沉沙池断面流速分布不均匀,仍需要进一步优化。

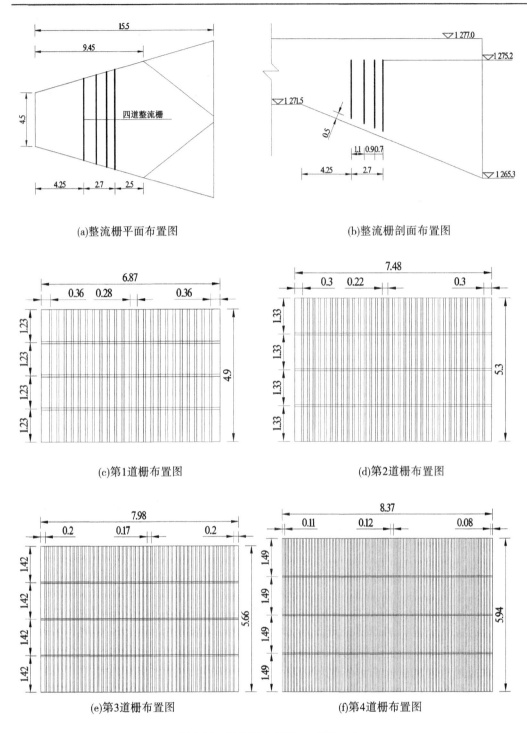

(a)整流栅平面布置图   (b)整流栅剖面布置图

(c)第1道栅布置图   (d)第2道栅布置图

(e)第3道栅布置图   (f)第4道栅布置图

图 4-51 整流栅布置图 （单位：m）

图 4-52　沉沙池整流栅附近水流流态

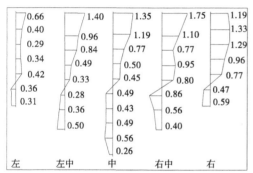

(a)无整流栅0+020.00断面

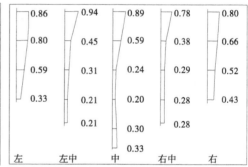

(b)加整流栅后0+020.00断面

图 4-53　1#沉沙池条渠加整流栅前后不同断面流速分布　（单位:m/s）

试验结果表明,沉沙池加四道整流栅后,沉沙池内流态与流速分布虽然得到了改善,但需要对整流栅结构进行优化调整。调整后的四道整流栅布置如图 4-54 和图 4-55 所示,主要将四道栅的距离加大,分别为 3.6 m、3.00 m、2.65 m,同时四道栅的栅条直径均采用 90 mm,从上至下四道栅的栅条间距分别为 250 mm、210 mm、160 mm、130 mm。

试验对调整四道整流栅后 6#沉沙池条渠的流态和断面流速进行了观测,试验仍然控制库首部枢纽水位 1 275.50 m,沉沙池下游静水池水位 1 274.73 m,相当于 6 条沉沙池运用。图 4-56 所示为调整后沉沙池整流栅附近水流流态,从图中可以看出,整流栅结构和位置调整后沉沙池内水面平稳,水流经过第 1 道栅后产生水跃,水跃长度约 0.8 m,第 2 道栅后水跃长度 0.4 m,第 4 道栅后水流均匀。图 4-57 为沉沙池前 40 m 范围断面流速分布,从图中看出,整流栅结构和位置调整后沉沙池各断面流速分布趋于均匀。

试验对加四道整流栅后,相同上下游水位条件下沉沙池过流流量减小,结果表明,由于整流栅阻水作用使栅前水面抬高 0.1~0.2 mm,沉沙池取水口取水流量减小,沉沙池取水流量约减小 5%。

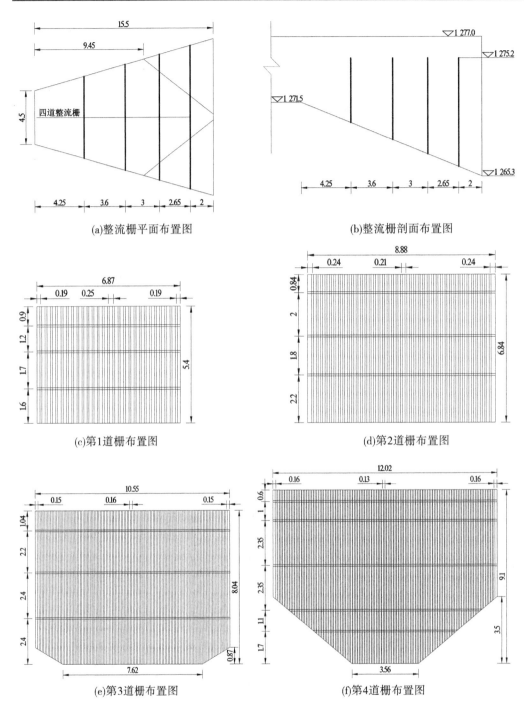

(a)整流栅平面布置图　　　　　　　　　　(b)整流栅剖面布置图

(c)第1道栅布置图　　　　　　　　　　(d)第2道栅布置图

(e)第3道栅布置图　　　　　　　　　　(f)第4道栅布置图

图 4-54　调整后整流栅布置图　（单位:m）

图 4-55　调整后四道整流栅

图 4-56　调整后沉沙池整流栅附近水流流态

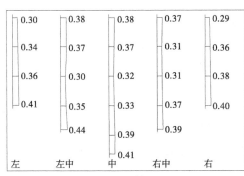

(a)0+020.00断面

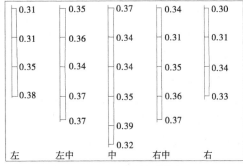

(b)0+040.00断面

图 4-57　沉沙池条渠加整流栅后断面流速分布　(单位:m/s)

4.9.1.3　沉沙池增设整流栅后沉沙效果

增设四道整流栅后进行了沉沙池的沉沙效果试验测量,按照设计入池泥沙级配(入池泥沙中值粒径为 0.1 mm),试验入池含沙量为 1.3 kg/m³,进行了 18 h 的沉沙试验测量。

图 4-58 和图 4-59 分别为沉沙池全沙和 $d \geqslant 0.25$ mm 沉降率随时间变化,由图可知,沉

沙池全沙沉降率随沉沙池运行时间的增长有减小趋势,在试验水沙条件下,沉沙池全沙平均沉降率为39%。

根据上述试验资料计算得,$d \geqslant 0.25$ mm 沉降率为94%~97%。

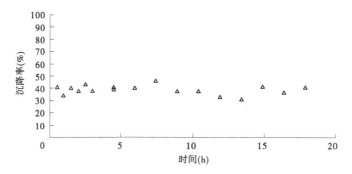

图 4-58　沉沙池全沙沉降率随时间变化

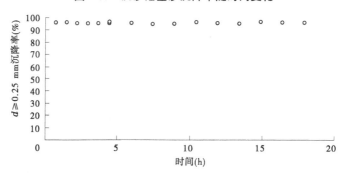

图 4-59　$d \geqslant 0.25$ mm 泥沙沉降率随时间变化

4.9.2　池长 150 m 方案一

为了进一步提高沉沙池的沉沙效果,在沉沙池设四道整流栅,沉沙池其他部位体形不变,仅将沉沙池的池长向下游延长 30 m,模型修改完成后,首先对该方案进行了清水试验测量,试验测量首部枢纽水位 1 275.5 m,静水池水位 1 274.73 m 时,清水条件下沉沙池取水流量较设计流量减小约 5%。

浑水试验水沙条件:首部枢纽水位 1 275.5 m,沉沙池下游静水池水位 1 274.73 m,相当于 6 条沉沙池运用,入池浑水分别采用两种泥沙级配,分析研究沉沙池沉沙效果。一种为入池泥沙中值粒径 0.084 mm,较设计入池泥沙粒径略细;另一种为入池泥沙中值粒径 0.149 mm,较设计入池泥沙粒径略粗。

对入池泥沙中值粒径 0.084 mm(级配曲线见图 4-60)、入池含沙量 4.5 kg/m³ 进行了沉沙试验。试验结果表明,在此试验水沙条件下,沉沙池全沙沉降率约为 41%,如图 4-61所示。$d \geqslant 0.25$ mm 沉降率达到 99%~100%,如图 4-62 所示,满足设计要求。

试验对入池泥沙中值粒径 0.149 mm(级配曲线见图 4-63)、入池含沙量 1.3 kg/m³ 进行了沉沙试验。试验结果表明,在此试验水沙条件下,沉沙池全沙沉降率均值为 46%,如图 4-64 所示。$d \geqslant 0.25$ mm 沉降率达到 99%~100%,如图 4-65 所示,满足设计要求。

研究表明,沉沙池增设四道优化体形的整流栅,池长加长 30 m 后,无论是入池泥沙粒径大于设计粒径还是小于设计粒径,入池泥沙级配中,$d \geqslant 0.25$ mm 沉降率均达到 99% ~ 100%,满足设计要求。

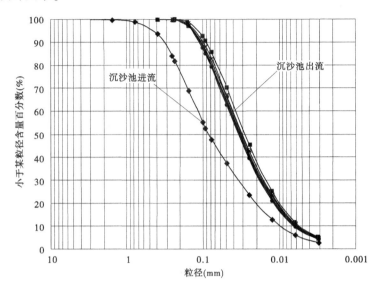

图 4-60　进出沉沙池泥沙级配曲线(入池 $d_{50} = 0.084$ mm)

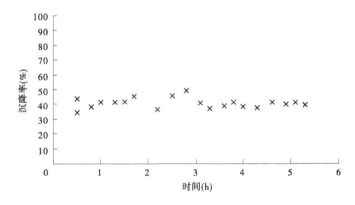

图 4-61　沉沙池全沙沉降率随时间变化($s = 4.5$ kg/m³,$d_{50} = 0.084$ mm)

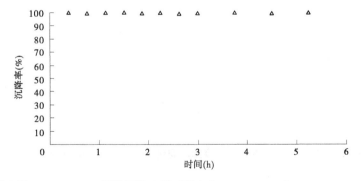

图 4-62　$d \geqslant 0.25$ mm 泥沙沉降率随时间变化($s = 4.5$ kg/m³,$d_{50} = 0.084$ mm)

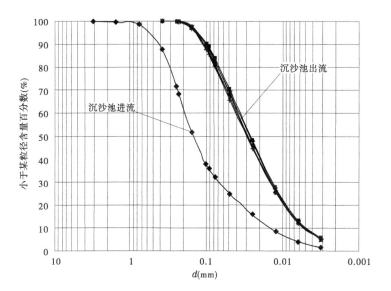

图 4-63　进出沉沙池泥沙级配曲线(入池 $d_{50} = 0.149$ mm)

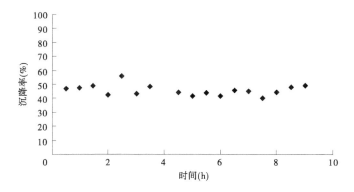

图 4-64　沉沙池全沙沉降率随时间变化($s = 1.3$ kg/m³, $d_{50} = 0.149$ mm)

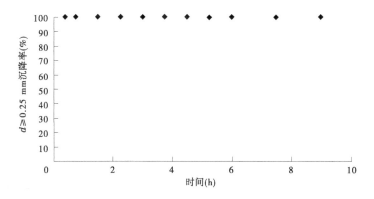

图 4-65　$d \geqslant 0.25$ mm 泥沙沉降率随时间变化($s = 1.3$ kg/m³, $d_{50} = 0.149$ mm)

4.9.3　池长 150 m 方案二

通过上述研究可知,在原设计沉沙池前渐变段增设四道整流栅,并将沉沙池池长加长 30 m 后,沉沙池沉降效率增加,但是,由于增加了整流栅,取水口的过流能力也有所降低,难以保证整体过流要求。同时,受到工程地质地貌等条件限制,若将沉沙池加长,需要对沉沙池上游流道及出口布置形式等进行局部修改。

本次修改的原则是保持原设计取水口位置、体形尺寸以及沉沙池下游静水池的位置、体形尺寸不变,将沉沙池上游流道段和下游收缩段缩短,即沉沙池有效工作段向上游延长 22 m,向下游延长 8 m,沉沙池有效工作段加长至 150 m,同时对沉沙池上游流道及出口局部体形做了相应调整。修改后流道段的水平投影长度为 33.25 m,流道段的地板高程由 1 271.50 m 降至 1 270.00 m,与进口闸室地板相同,流道段的宽度由取水闸闸室末端 7.8 m 渐变至 13 m,两侧为直边墙。流道与沉沙池的连接段宽度与沉沙池相同,底坡仍然为 1∶2.5,在连接段内布设两道整流栅,第 1 道整流栅位于渐变段 6.75 m 处,栅条间距为 160 mm,第 2 道整流栅距第 1 道 3 m,栅条间距为 130 mm。两道栅的栅条直径均采用 90 mm,每道整流栅上设 3 根横梁,横梁高度 160 mm,整流栅与底板之间预留 0.5 m 的缝隙。沉沙池末端改为垂直面,顶部修圆。150 m 沉沙池修改后方案二平面布置见图 4-66。

模型修改后,首先进行了清水试验测量,试验测量首部枢纽水位 1 275.50 m、静水池水位 1 274.73 m 时,沉沙池流量较设计流量大约 1.3%。同时对该水流条件下沉沙池及流道内流速进行了测量。结果表明,由于流道的底板高程降低、流道加宽,流道内流速明显降低,且分布不均,6# 沉沙池条渠内流道左侧流速均大于右侧,在流道 20 m 断面左侧流速为 1.2~1.4 m/s,而右侧流速为 0.2~0.6 m/s。尽管在连接段增设了两道整流栅,但在沉沙池工作段前 20 m 范围,流速分布不均,表面流速仍然较大。

浑水试验水沙条件:首部枢纽水位 1 275.50 m,沉沙池下游静水池水位 1 274.73 m,相当于 6 条沉沙池运用。按照设计入池泥沙级配(入池泥沙中值粒径为 0.1 mm),入池含沙量 3 kg/m³,进行了 18 h 沉降试验。试验观测到进口流道内泥沙淤积严重,最大淤积厚度约 2.1 m。试验观测到流道淤积后,取水口的过流能力减小,库水位 1 275.50 m 时,淤积后取水口取水流量减小约 4.3%,不满足取水要求。

对该方案沉沙池沉沙效果进行试验观测,在试验水沙条件下,$d \geqslant 0.25$ mm 沉降率 94.1%~97.4%,见图 4-67,效果不如池长 150 m 方案一。

4.9.4　池长 150 m 方案三

根据方案二的试验成果,沉沙池上游流道体形需要继续优化修改,将上游流道缩窄并改为等宽,流道宽度为 7.8 m,其他部位体形同方案二。流道与沉沙池连接段布设三道整流栅。第 1 道整流栅位于渐变段 5.75 m 处,第 2 道整流栅距第 1 道 3 m,第 3 道整流栅距第 2 道 3 m。三道栅的栅条直径均采用 90 mm,从上至下三道栅的栅条间距分别为 210 mm、160 mm、130 mm。每道整流栅上设三根横梁,横梁高度 160 mm,整流栅与底板之间预留 0.5 m 的缝隙。修改后沉沙池平面布置见图 4-68 及图 4-69。

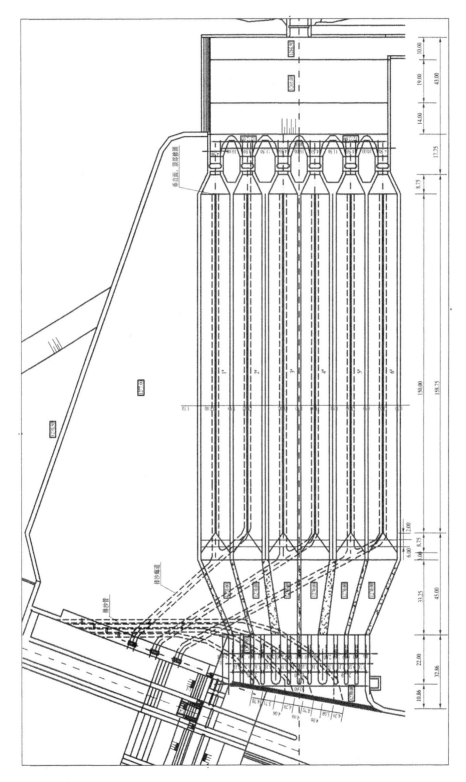

图 4-66 150 m 沉沙池修改方案二平面布置图 （单位：m）

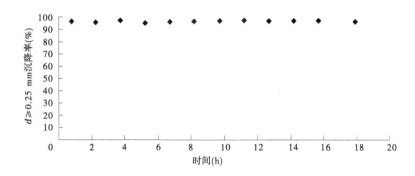

图 4-67　$d \geqslant 0.25$ mm 泥沙沉降率随时间变化

图 4-68　150 m 沉沙池修改方案三沉沙池上游流道布置

　　在清水试验条件下,对该方案取水流量以及流道和沉沙池内流速进行了测量,结果表明,首部枢纽水位 1 275.50 m 时,沉沙池取水口取水流量较设计值增大 1.2%。与方案二相比,流道内流速增大,如 6# 沉沙池条渠流道内 20 m 断面右侧垂线流速由 0.2~0.6 m/s 增大至 0.66~0.92 m/s。由于整流栅由两道增加至三道,沉沙池有效工作段内流速分布相对均匀。

　　浑水试验水沙条件:首部枢纽水位 1 275.50 m,沉沙池下游静水池水位 1 274.73 m,相当于 6 条沉沙池运用。按照设计入池泥沙级配(入池泥沙中值粒径为 0.1 mm),入池含沙量 1.5 kg/m³,进行了 27 h 试验。试验结果表明,试验水沙条件下,流道内有少量泥沙淤

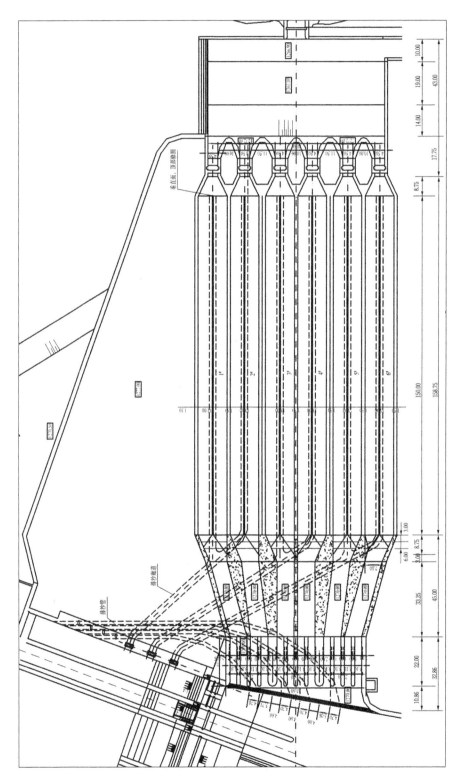

图 4-69　150 m 沉沙池修改方案三平面布置图　（单位：m）

积,见图 4-70,最大淤积厚度约 0.5 m,流道淤积对过流能力影响不明显,首部枢纽水位 1 275.50 m 时,淤积后取水口取水流量较淤积前减少约 1.7%,与设计取水流量相比,减少 0.5%,基本满足设计取水要求。

对该方案沉沙池沉沙效果进行试验,观测到在试验水沙条件下,$d \geqslant 0.25$ mm 沉降率 可以达到 97%~99.7%,见图 4-71。

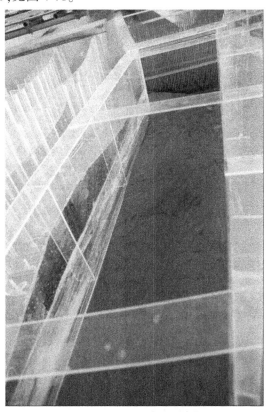

图 4-70　沉沙池进口流道淤积情况

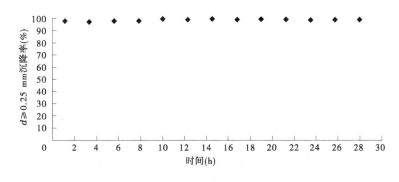

图 4-71　$d \geqslant 0.25$ mm 泥沙沉降率随时间变化

淤积 27 h 后,对沉沙池淤积厚度进行了测量,按 20 m 间距测量 8 个断面的淤积高 程,不同断面淤积物试验测量高程见图 4-72。从图中可以看出,淤积物沿程厚度逐渐减 小。沉沙池有效工作段 8.8 m 桩号断面淤积厚度最大,中心处淤积厚度为 5.5 m,最大淤积高程达到 1 272.00 m。沉沙池 140 m 桩号断面中心淤积厚度 1.3 m,沉沙池中心沿程淤积厚度见表 4-9 及图 4-73。

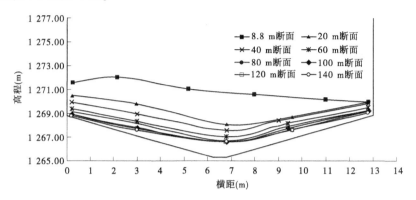

图 4-72　沉沙池不同断面淤积物试验测量高程

表 4-9　沉沙池中心沿程淤积厚度

桩距(m)	8.8	20	40	60	80	100	120	140
淤积厚度(m)	5.5	2.65	2.24	1.72	1.37	1.28	1.3	1.3

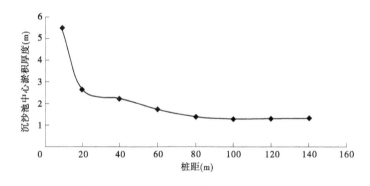

图 4-73　沉沙池中心淤积厚度沿程分布

试验中可以看出沉沙池上游 0~30 m 的第一排沙单元,在 8.8 m 断面位置,形成了一个淤积高程达 1 269.90~1 272.00 m 的沙坎,该沙坎已超过流道底板高程 1 270.00 m,对水流产生了一定的阻水作用,使得过流能力有所降低。为此,我们进行了清淤过流能力试验,将 0~30 m 的第一单元泥沙清除后进行过流能力试验。通过试验看出,取水流量与设计流量接近。

另外,流道淤沙及 1# 整流栅前左侧淤沙较粗,不易固结。自沉沙池开启,至池水位达到正常的过程中,该部分泥沙可以冲入沉沙池中。

根据试验情况,建议沉沙池 0~30 m 段淤积物高程在达到 1 270 m 前,沉沙池进行排沙运用为宜。

4.10　结论与建议

4.10.1　沉沙池原方案

（1）首部枢纽正常蓄水位 1 275.5 m 时，沉沙池 6 条、4 条、2 条运用时，取水口取水流量分别为 222 m^3/s、153 m^3/s 及 78 m^3/s，满足设计要求。

（2）在试验水沙条件下，$d \geqslant 0.25$ mm 沉降率达到 80% ~ 91%，不满足设计要求。

（3）清水条件下，试验测量 5# 与 6# 沉沙池第 1 组排沙孔过流时，排沙廊道流量为 32 m^3/s。排沙试验表明，设计排沙方式效果较好，廊道内无泥沙淤积，满足将泥沙输向枢纽下游要求。

（4）当取水口取水流量为 222 m^3/s 时，静水池内流态基本平顺。水流自静水池进入引水隧洞后，在进口段产生明显的水面跌落，隧洞内水面波动较大。

（5）隧洞进口段体形修改后，洞内进口段水面跌落减小，洞内流态也得到改善。几种修改体形相比较，隧洞进口两侧边墙曲线为半径 4 m 半圆弧方案和 1/4 椭圆曲线方案相对较优，但引水流量 222 m^3/s 时，洞内水流波动仍较大，且进口段局部最小洞顶余幅较小，不满足规范要求，建议将洞进口段及渐变段洞顶抬高 1 m，渐变段加长，以满足洞顶余幅的要求。

4.10.2　沉沙池 120 m 增加整流栅方案

经过多次修改，在原设计沉沙池（池长 120 m）上游渐变段加设四道整流栅后，沉沙池内水面平稳，断面流速分布均匀。试验水沙条件下，$d \geqslant 0.25$ mm 沉降率增加至 94% ~ 97%，但是增加整流栅后，相同水流条件下，沉沙池取水口取水流量减小 5%，不满足设计取水要求。

4.10.3　沉沙池 150 m 方案一

研究表明，沉沙池增设四道优化体形的整流栅，池长加长 30 m 后，无论是入池泥沙粒径大于设计粒径还是小于设计粒径，入池泥沙极配中，$d \geqslant 0.25$ mm 沉降率均达到 99% ~ 100%，满足设计要求。但是相同水流条件下，沉沙池取水口取水流量较设计流量减小 5%，不满足设计取水要求，且沉沙池池长向下延长方案受到工程地质地貌等条件限制。

4.10.4　沉沙池 150 m 方案二

保持原设计取水口位置和体形尺寸以及沉沙池下游静水池位置和体形尺寸不变，通过缩短沉沙池上游流道段和下游收缩段长度，将沉沙池有效工作长度增加至 150 m，沉沙池上游渐变段增设两道整流栅。

该方案 6# 沉沙池条渠内流道段流速分布不均匀，流速较小，浑水是流道段淤积比较严重的表现，淤积后取水口取水流量减小约 4.3%，不满足取水要求。在沉沙池有效工作段 20 m 范围，流速分布不均，表面流速仍然较大。沉沙池沉沙效果不如方案一。

4.10.5　沉沙池 150 m 方案三

在方案二体形基础上,将上游流道缩窄并改为等宽,流道与沉沙池连接段布设三道整流栅。研究表明,该方案 6# 沉沙池条渠内流道段流速增大,流道内有少量泥沙淤积,淤积后取水口取水流量基本满足取水要求。在沉沙池有效工作段 20 m 范围内,流速分布均匀,表面流速仍然较大。在试验水沙条件下, $d \geqslant 0.25$ mm 沉降率可以达到 97% ~ 99.7%。另外,根据试验情况,沉沙池 0~30 m 段最大淤积高程在达到 1 270.00 m 前进行排沙运用为宜。

第 5 章　CCS 水电站调蓄水库模型试验

5.1　调蓄水库具体布置

调蓄水库为日调节水库,调节库容 88 万 m³,4 h 内水位将从正常蓄水位降到死水位。由于 1 229.50 m 至 1 216.00 m 之间的天然库容只有 50.7 万 m³,其余部分库容需要靠开挖获得。调蓄水库大坝是面板堆石坝,位于 Granadillas 溪,坝顶高程 1 233.50 m,坝顶长度 135 m,坝顶宽度 10 m,最大坝高 58 m。上游坝坡 1∶1.4。溢洪道位于左岸,闸顶高程 1 233.50 m,设 2 个开敞式表孔,单孔净宽 17 m,堰顶高程 1 229.50 m,见图 5-1。

从 CCS 水电站首部枢纽沉沙池出来的水流,通过静水池调整后再进入输水隧洞,水流通过 24 km 长的输水隧洞至调蓄水库,输水隧洞出口位于调蓄水库库尾左岸,隧洞出口设计消能方案直接跌落至原河道内。输水隧洞洞身直径 8.2 m,纵坡 0.173%,出口闸室由渐变段、闸室段、护坦三部分组成,闸室分为两孔,每孔宽由 3.35 m 扩宽为 7.25 m,闸墩厚 1.5 m,墩头为一半圆形,见图 5-1。

调蓄水库放空洞为压力洞,洞长 329.58 m,进口塔架底板高程 1 198.00 m,设有检修门和事故门,孔口尺寸均为 3 m×3 m(宽×高)。洞身直径 3 m,纵坡 3.04%,见图 5-2。电站取水口位于放空洞右侧,进口塔架底板高程 1 204.50 m,设有两个取水口,每个取水口前设置 2 个拦污栅、1 个检修门和 1 个事故门。拦污栅尺寸为 5.7 m×12.4 m,检修门为平板闸门,孔口尺寸 5.7 m×6.1 m(宽×高),事故门也为平板闸门,孔口尺寸为 5.7 m× 5.8 m(宽×高)。进口塔架后接压力管道,洞身直径 5.8 m,长 24.8 km,纵坡 4.458%,见图 5-3、图 5-4。

5.2　试验的目的和任务

通过模型试验,研究输水隧洞正常运用和闸门启闭时出口消能效果,观测调蓄水库流态和流速分布、压力管道进口流态及压力分布、输水隧洞出流对压力管道进流流态的影响、库区淤积对电站引水的影响。

具体试验内容如下:

(1)进行输水隧洞出口消能形式试验研究。

(2)验证正常运行工况设计流量 222 m³/s 和最小流量 72.7 m³/s 时,分别对应调蓄水库正常蓄水位和死水位情况输水隧洞出口消能效果。

(3)观测非常运行工况,输水隧洞出口闸门启闭时,相应于调蓄水库死水位时输水隧洞出口流态。

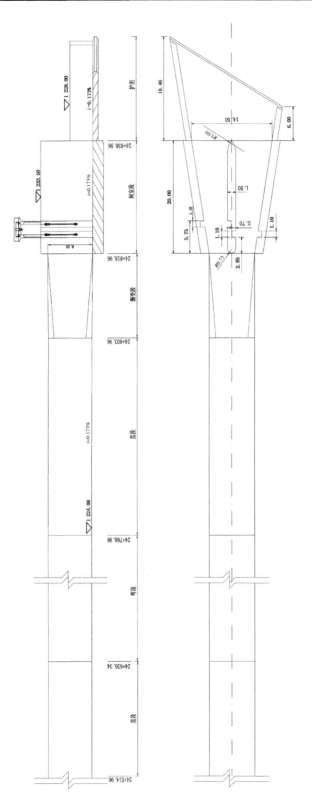

图 5-1　输水隧洞出口段布置图　（单位：m）

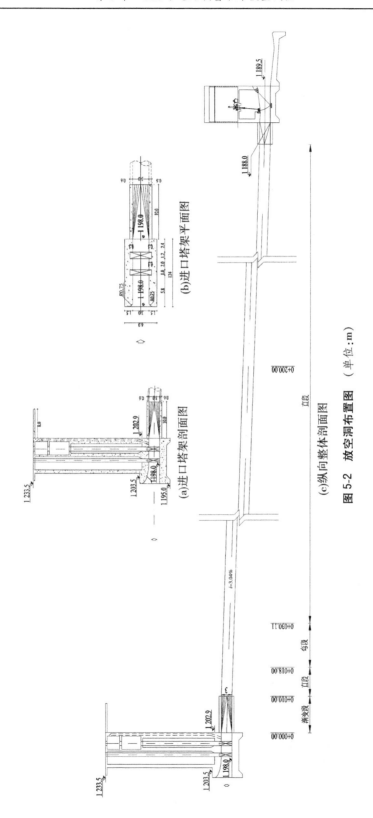

图 5-2　放空洞布置图　（单位：m）

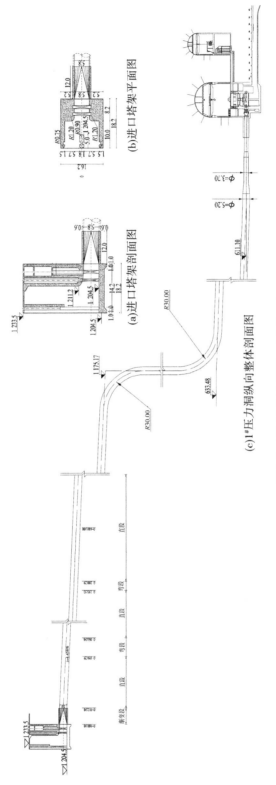

(a)进口塔架剖面图

(b)进口塔架平面图

(c)1#压力洞纵向整体剖面图

图 5-3 1#压力洞布置图 （单位：m）

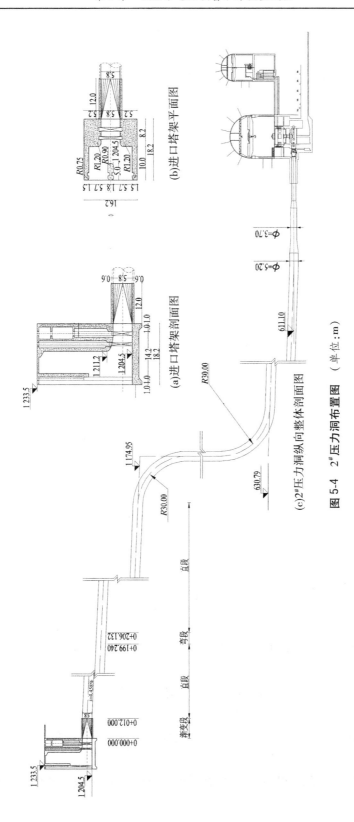

(a)进口塔架剖面图

(b)进口塔架平面图

(c)2#压力洞纵向整体剖面图

图 5-4　2#压力洞布置图　（单位：m）

（4）观测设计流量 222 m³/s，库区正常蓄水位和死水位工况下库区流速分布。

（5）观测水库正常蓄水位和死水位条件下，单管单机运行（$Q = 35$ m³/s）和单管四机运行（$Q = 139.2$ m³/s）时，压力管道进口流态和压力分布。

（6）观测库区淤积及电站冲刷漏斗形态。

5.3　模型设计及比尺计算

5.3.1　模型设计相似准则

根据模型主要研究任务及相关规程要求，模型采用正态。模型设计应满足几何形态相似、水流运动相似和泥沙运动相似。

（1）水流运动相似。

重力相似：
$$\lambda_v = \lambda_L^{1/2}$$

阻力相似：
$$\lambda_n = \lambda_L^{1/6}$$

水流连续性相似：
$$\lambda_{t_1} = \lambda_L / \lambda_v = \lambda_L^{1/2}$$
$$\lambda_Q = \lambda_v \lambda_L^2 = \lambda_L^{5/2}$$

（2）悬移质运动相似。

悬移质运动相似包括泥沙悬移和沉降相似以及水流挟沙力相似。

泥沙悬移和沉降相似：是根据紊流扩散理论所得到的挟沙水流运动基本方程导出的，对于正态模型，沉速 ω 和流速之间的比尺关系为

$$\lambda_\omega = \lambda_v$$

根据沉速关系式 $\omega = \sqrt{\dfrac{4}{3C_d}\dfrac{\gamma_s - \gamma}{\gamma} gd}$ [C_d 为颗粒沉降阻力系数，$C_d = \dfrac{\alpha}{\left(\dfrac{\omega d}{v}\right)^\beta}$，式中 β 随颗

粒雷诺数的变化而改变]推导出泥沙粒径比尺关系为

$$\lambda_d = \frac{\lambda_v^{\frac{\beta}{1+\beta}} \lambda_\omega^{\frac{2-\beta}{1+\beta}}}{\lambda_{\gamma_s - \gamma}^{\frac{1}{1+\beta}}}$$

上式中，对于滞流区（$d < 0.1$ mm），$\beta = 1$；对于紊流区（$d > 2$ mm），$\beta = 0$；在过渡区（0.1 mm $< d < 2$ mm），β 通过试算求得。

水流挟沙力相似：悬移质的输沙能力相似要求含沙量比尺 λ_s 与挟沙力比尺 λ_{s*} 关系为

$$\lambda_s = \lambda_{s*}$$

对于含沙量比尺或挟沙力比尺，一种方法是根据挟沙力公式计算，另一种方法是借助于预备试验率定。

计算水流挟沙力的公式很多，参考以往类似工程模型试验经验，本模型含沙量比尺采用窦国仁公式计算：

$$\lambda_s = \frac{\lambda_{\gamma_s}}{\lambda_{\frac{\gamma_s - \gamma}{\gamma}}}$$

根据冲淤河床变形方程可得冲淤时间比尺关系为

$$\lambda_{t_2} = \lambda'_{\gamma_s} \frac{\lambda_{t_1}}{\lambda_s}$$

式中：λ_L 为水平比尺；λ_v 为流速比尺；λ_Q 为流量比尺；λ_n 为糙率比尺；λ_{t_1} 为水流运动时间比尺；λ_ω 为沉速比尺；λ_d 为粒径比尺；λ_s 为含沙量比尺；λ_{s*} 为挟沙力比尺；λ_{t_2} 为冲淤时间比尺。

5.3.2　模型比尺确定及模型沙选择

根据模型试验任务要求、工程规模和场地情况,几何比尺确定为 1：40。

流域泥沙以悬移质为主,设计提供入库悬沙级配如图 5-5 所示,入库泥沙中值粒径为 0.10 mm。悬移质模型沙根据悬移质泥沙运动相似准则进行选择,对于正态模型,悬移质运动的模拟极为困难,由于设计单位仅要求在该模型上简单观测库区泥沙落淤分布以及电站进口漏斗形态,因此模型沙选择参考了水电站引渠和冲沙闸泥沙模型,仍然采用郑州热电厂粉煤灰。郑州热电厂粉煤灰容重为 2.1 t/m³,由此可得容重比尺 $\lambda_{\gamma_s} = 2.7/2.1 = 1.29$,相对容重比尺 $\lambda_{\frac{\gamma_s - \gamma}{\gamma}} = 1.55$,按原型水温 30 ℃、实验室水温 10 ℃,得水流运动黏滞系数比尺 λ_ν,经比较,选配采用模型沙中值粒径为 0.048 mm,即 $\lambda_d = 2.07$,含沙量比尺 $\lambda_s = 0.83$,将模型沙极配换算成原型并汇入图 5-5 中。可以看出,所选模型沙与设计的入库泥沙级配曲线基本吻合,根据模型相似条件计算模型主要比尺见表 5-1。

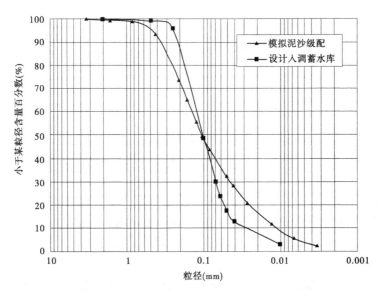

图 5-5　设计入库沙级配及模拟原型沙颗粒级配曲线

表 5-1　模型比尺汇总

相似条件	比尺名称	比尺	依据	说明
几何相似	水平比尺 λ_L	40	试验任务要求	
水流运动相似	流速比尺 λ_v	6.32	式(2-1)	
	流量比尺 λ_Q	10 104	式(2-4)	
	水流运动时间比尺 λ_{t_1}	6.32	式(2-3)	
	糙率比尺 λ_n	1.85	式(2-2)	
悬移质运动相似	容重比尺 λ_{γ_s}	1.29	模型悬沙为粉煤灰	$\gamma_{sm} = 2.1 \ t/m^3$
	相对容重比尺 $\lambda_{\frac{\gamma_s-\gamma}{\gamma}}$	1.55		
	干容重比尺 λ'_{γ_s}	1.69		$\gamma'_{sm} = 0.78 \ t/m^3$
	沉速比尺 λ_ω	6.32		
	粒径比尺 λ_d	2.07	式(3-2)	
	含沙量比尺 λ_s	0.83	式(3-3)	

输水隧洞、电站压力管道及放空洞采用有机玻璃制作,其糙率为 0.008,相当于原型糙率 0.014 8,接近原型混凝土糙率。

5.4　模型范围及模型制作

5.4.1　模型范围

根据试验任务要求,模型模拟范围包括整个调蓄水库。建筑物模拟输水隧洞出口段,模拟长度 400 m;两条压力洞进口段,模拟长度 300 m;放空洞进口段,模拟长度 300 m。模型布置如图 5-6 和图 5-7 所示。

5.4.2　模型制作

为了满足糙率要求,模型输水隧洞、压力洞段及放空洞段均采用有机玻璃制作,蓄水水库采用水泥砂浆制作。模型安装时,平面导线方位用经纬仪控制、水准基点和模型高程用水准仪控制、模型地形制作采用断面板法。

考虑到该模型除研究隧洞出口和压力管道进口水力学特性外,还要研究库区淤积分布及电站引水口漏斗形态,调蓄水库原始地形制作成定床。在研究库区淤积分布时,在调蓄水库上游进口加沙。在研究电站引水口漏斗形态时,采用在定床上铺设模型沙模拟库区淤积。

模型输水隧洞、压力洞、放空洞流量均采用电磁流量计控制,库水位和压力用玻璃连通管测量,流速采用长江科学院 Ls-401 型直读式螺旋流速仪测读,采用摄像技术进行流态、流场描述。

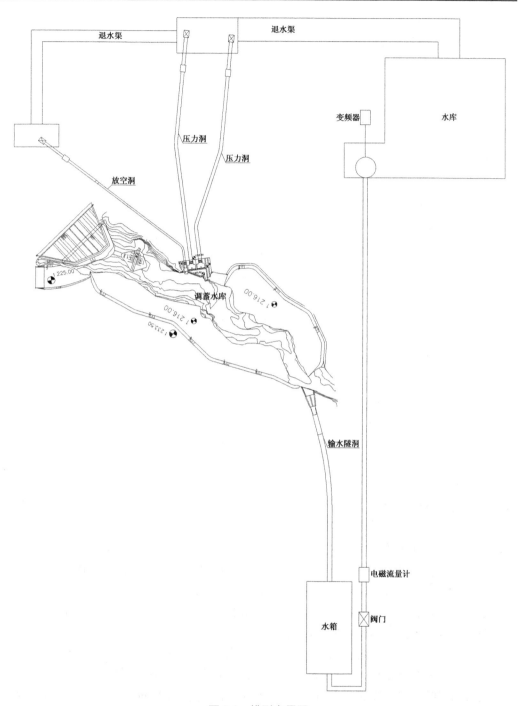

图 5-6　模型布置图

图 5-7　模型整体布置

5.5　调蓄水库原设计方案试验

5.5.1　输水隧洞出口水流流态及库区流速分布

试验结果表明,由于闸室墩头为一半圆形,输水隧洞不同引水流量时,水流在闸室墩头产生水冠,隧洞出口水流流态见图 5-8 和图 5-9。当下游调蓄水库水位为死水位 1 216.00 m,水流流经闸室和护坦,跌落至原始河槽内,水舌的挑距随引水流量增大而增大,引水流量为 72.7 m³/s 和 222 m³/s 时的水舌水平长度分别为 9.3 m 和 15.7 m。当引水流量较小时,大部分跌水顺主河槽下行;随引水流量增大,受惯性作用,部分跌落水流沿右岸开挖平台直冲右岸山体,如图 5-10~图 5-13 所示。输水隧洞引水流量为 222 m³/s 时,水舌冲击山坡处流速达到 12.9 m/s,右岸开挖平台上(高程 1 216.00 m)水深为 0.48 m,水流最大流速达到 7 m/s,水流顶冲右岸开挖边坡处流速达到 6.07 m/s。在距压力隧洞进口约 65 m 断面河槽中最大流速为 1.39 m/s,在距压力隧洞进口 130 m 断面河槽中最大流速为 2.71 m/s。引水流量为 72.7 m³/s 时,水舌冲击山坡处流速为 8.18 m/s,主流顶冲右岸开挖边坡处流速达到 2 m/s,在距压力隧洞进口 65 m 断面河槽中最大流速为 0.44 m/s,在距压力隧洞进口 130 m 断面河槽中最大流速为 1.67 m/s。

随着调蓄水库水位升高,隧洞出口水流由跌水逐渐转变为面流,直至形成淹没出流。正常蓄水位 1 229.50 m 时,隧洞出流为淹没出流,隧洞内水深有所增加,主流仍然沿洞身中心线方向,如图 5-14、图 5-15 所示。输水隧洞引水流量为 222 m³/s 时,在距压力隧洞进口 65 m 断面流速分布均匀,断面最大流速为 0.89 m/s,在距压力隧洞进口 130 m 断面流速分布右岸大于左岸,断面最大流速为 1.16 m/s,见图 5-16。引水流量为 72.7 m³/s 时,隧洞出口流态与流量 222 m³/s 相似,只是水流流速相对减小,在距压力隧洞进口 130 m 断面流速分布仍然是右岸大于左岸,断面最大流速为 0.42 m/s,见图 5-17。

图 5-8　输水隧洞出口流态($Q = 222\ \mathrm{m^3/s}, H = 1\ 216.00\ \mathrm{m}$)

图 5-9　输水隧洞出口流态($Q = 72.7\ \mathrm{m^3/s}, H = 1\ 216.00\ \mathrm{m}$)

图 5-10　水流流态($Q = 222\ \mathrm{m^3/s}, H = 1\ 216.00\ \mathrm{m}$)

图 5-11　水流流态($Q = 72.2 \ \mathrm{m^3/s}, H = 1\ 216.00\ \mathrm{m}$)

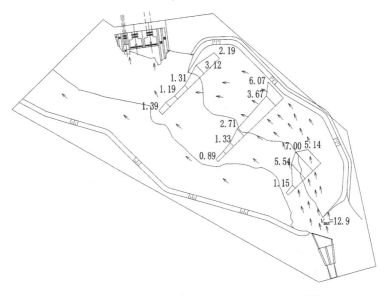

图 5-12　库区流态($Q = 222 \ \mathrm{m^3/s}, H = 1\ 216.00\ \mathrm{m}$)　（单位:m/s）

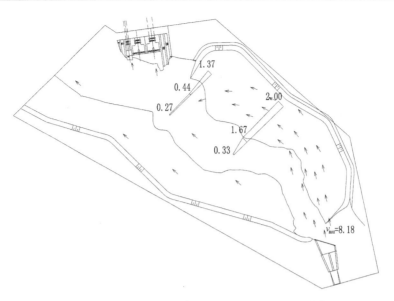

图 5-13　库区流态($Q=72.7\ \text{m}^3/\text{s},H=1\ 216.00\ \text{m}$)　　（单位：m/s）

图 5-14　水流流态($Q=222\ \text{m}^3/\text{s},H=1\ 229.50\ \text{m}$)

图 5-15　水流流态 ($Q=72.7\ \mathrm{m^3/s}, H=1\ 229.50\ \mathrm{m}$)

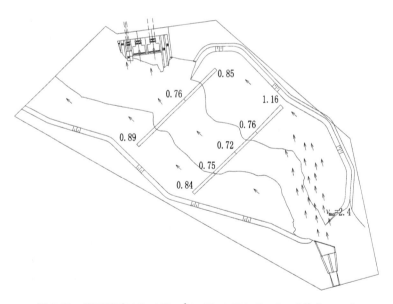

图 5-16　库区流态 ($Q=222\ \mathrm{m^3/s}, H=1\ 229.50\ \mathrm{m}$)　（单位:m/s）

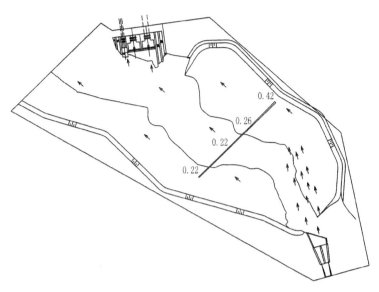

图 5-17　库区流态（$Q=72.7$ m³/s, $H=1\,229.50$ m）　（单位:m/s）

5.5.2　闸室及护坦流速分布

试验分别测量了流量为 72.7 m³/s 和 222 m³/s 时,下游两种库水位时输水隧洞出口闸室及护坦内各断面流速分布,表 5-2 和表 5-3 为实测流速值。

表 5-2　不同库水位(流量 72.7 m³/s 时)各断面流速分布　　（单位:m/s）

断面位置	测量位置		$H=1\,216.00$ m	$H=1\,229.50$ m	
			垂线平均	实测值	垂线平均
闸室中	左孔	左底		0.55	
		中	5.86	0.32	0.38
		表		0.27	
		中底		0.97	
		中	6.85	0.97	0.82
		表		0.53	
		右底		1.56	
		中	7.39	1.58	1.43
		表		1.14	
	右孔	左底		1.66	
		中	7.29	1.66	1.47
		表		1.10	
		中底		1.39	
		中	7.52	2.00	1.69
		表		1.69	
		右底		1.10	
		中	6.72	1.39	1.22
		表		1.18	

续表 5-2

断面位置	测量位置		H = 1 216.00 m	H = 1 229.50 m	
			垂线平均	实测值	垂线平均
闸室末端	左孔	左底 中 表	6.17	0.51 0.38 0.25	0.38
		中底 中 表	7.18	0.97 0.82 0.59	0.79
		右底 中 表	7.14	1.37 1.37 1.14	1.30
	右孔	左底 中 表	7.18	1.33 1.52 1.01	1.29
		中底 中 表	7.25	1.92 1.54 1.50	1.65
		右底 中 表	7.18	0.61 0.67 0.42	0.57
护坦末端		左底 中 表	6.68	0.23 0.25 0.32	0.27
		中底 中 表	6.76	0.99 1.03 0.95	0.99
		右底 中 表	6.87	0.35 0.32 0.23	0.30

表 5-3　不同库水位(流量 222 m³/s 时)各断面流速分布　　　　　(单位:m/s)

断面位置	测量位置		H = 1 216.00 m		H = 1 229.50 m	
			实测值	垂线平均	实测值	垂线平均
闸室末端	左孔	左底 中 表	8.83 8.76	8.80	1.07 1.62 1.19	1.29
		中底 中 表	10.13 9.75	9.94	5.33 4.80 3.35	4.49
		右底 中 表	10.64 10.49	10.56	6.17 3.60 3.43	4.40

续表 5-3

断面位置	测量位置		H = 1 216.00 m		H = 1 229.50 m	
			实测值	垂线平均	实测值	垂线平均
闸室末端	右孔	左底	9.80		1.56	
		中		10.21	3.48	2.17
		表	10.62		1.49	
		中底	10.01		4.09	
		中		10.27	5.39	3.80
		表	10.53		1.92	
		右底	9.65		2.65	
		中		9.72	5.07	3.32
		表	9.80		2.23	
护坦中		左底	9.35		1.73	
		中		9.28	2.02	1.73
		表	9.21		1.45	
		中底	9.12		2.28	
		中		9.10	4.59	2.97
		表	9.08		2.05	
		右底	9.67		1.20	
		中		9.60	0.97	0.98
		表	9.52		0.77	
护坦末端		左底	9.33		0.74	
		中		9.33	0.85	0.80
		表			0.80	
		中底	9.96		1.33	
		中		9.96	1.64	1.68
		表			2.06	
		右底	9.69		1.06	
		中		9.69	2.18	1.36
		表			0.84	

当引水流量为 72.7 m³/s 时,同一库水位情况下,受隧洞弯道影响,闸室两孔内流速分布不均匀,均表现为靠近中墩处流速较大,边壁处流速较小,右孔平均流速均大于左孔。

护坦起始断面流速分布较为均匀,右孔略大于左孔,护坦末端流速分布较为均匀。库水位为1 216.00 m 时,由于水深较浅,流速比较大,随着库水位的升高,出口水流由跌流变为面流直至淹没出流,水深增大,相应流速减小。各部位垂线平均流速见图 5-18、图 5-19。

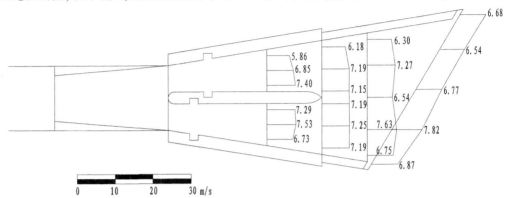

图 5-18　不同断面流速分布($Q=72.7$ m³/s,$H=1$ 216.00 m)

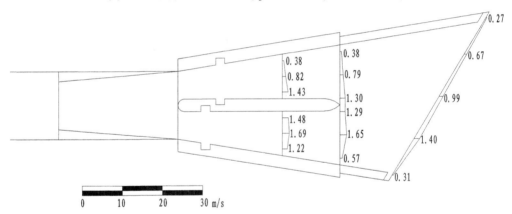

图 5-19　不同断面流速分布($Q=72.7$ m³/s,$H=1$ 229.50 m)

当引水流量为 222 m³/s 时,流速分布规律基本和流量 72.7 m³/s 时相同,但相同工况下,流速值均大于流量 72.7 m³/s 时的流速值,见图 5-20、图 5-21。

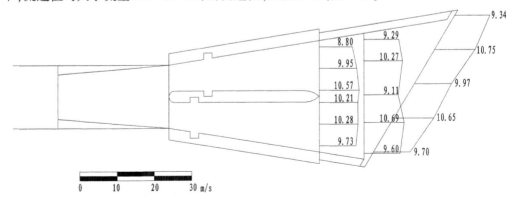

图 5-20　不同断面流速分布($Q=222$ m³/s,$H=1$ 216.00 m)

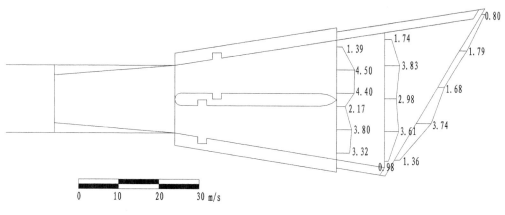

图 5-21　不同断面流速分布($Q=222\ \mathrm{m^3/s}, H=1\ 229.50\ \mathrm{m}$)

5.5.3　输水隧洞内水面线

根据试验任务和要求,输水隧洞仅模拟出口 400 m,其有效工作长度为 300 m,即有效工作段从桩号 24+514.96 开始。试验分别测量了输水洞流量为 72.7 $\mathrm{m^3/s}$ 和 222 $\mathrm{m^3/s}$ 下游两种库水位时洞身段水面线,表 5-4 和表 5-5 为实测输水隧洞水深。图 5-22 和图 5-23 为不同工况下输水隧洞出口流态。

表 5-4　不同库水位(流量 72.7 $\mathrm{m^3/s}$ 时)输水隧洞沿程水深

$Q=72.7\ \mathrm{m^3/s}, H=1\ 216.00\ \mathrm{m}$		$Q=72.7\ \mathrm{m^3/s}, H=1\ 229.50\ \mathrm{m}$	
桩号	水深(m)	桩号	水深(m)
24+536.55	3.61	24+536.55	4.94
24+552.55	3.53	24+552.55	5.21
24+572.55	3.51	24+572.55	5.20
24+592.55	3.56	24+592.55	5.26
24+612.55	3.61	24+612.55	5.27
24+632.55	3.62	24+632.55	5.30
24+656.55	3.55	24+652.55	5.33
24+672.55	3.40	24+672.55	5.38
24+680.55	3.35	24+692.55	5.41
24+716.55	3.43	24+712.55	5.39
24+740.55	3.31	24+732.55	5.49
24+756.55	3.28	24+752.55	5.45
24+776.55	2.53	24+772.55	5.50
24+794.55	2.68	24+794.55	5.56

表 5-5　不同库水位(流量 222 m³/s 时)输水隧洞沿程水深

$Q=222\ \text{m}^3/\text{s}, H=1\ 216.00\ \text{m}$		$Q=222\ \text{m}^3/\text{s}, H=1\ 229.50\ \text{m}$	
桩号	水深(m)	桩号	水深(m)
24+536.55	6.49	24+536.55	6.51
24+544.55	6.61	24+552.55	6.48
24+572.55	6.46	24+572.55	6.46
24+608.55	6.42	24+592.55	6.46
24+628.55	6.40	24+612.55	6.40
24+640.55	6.36	24+632.55	6.47
24+648.55	6.07	24+644.55	6.41
24+656.55	6.23	24+652.55	6.42
24+668.55	6.18	24+664.55	6.34
24+674.55	6.21	24+675.55	6.22
24+685.75	5.62	24+686.55	5.65
24+695.75	5.89	24+692.55	5.76
24+698.95	6.10	24+699.35	6.15
24+708.55	5.82	24+708.55	5.89
24+716.55	5.35	24+720.55	5.30
24+724.55	5.42	24+726.15	5.47
24+732.55	5.51	24+732.55	5.57
24+740.55	5.50	24+740.55	5.48
24+750.15	5.15	24+752.55	5.12
24+756.55	5.18	24+758.55	5.15
24+762.55	5.03	24+762.15	5.02
24+765.35	5.08	24+766.55	5.11
24+772.55	4.87	24+772.55	4.82
24+788.55	4.75	24+784.55	4.68
24+794.55	4.55	24+794.55	4.59

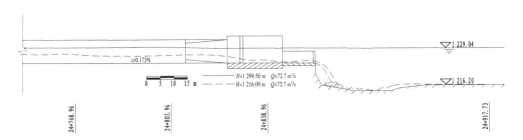

图 5-22　不同工况下输水隧洞出口流态($Q=72.7\ \text{m}^3/\text{s}$)

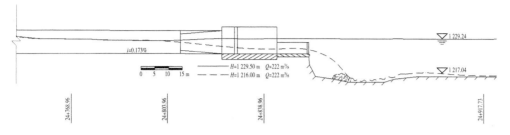

图 5-23　不同工况下输水隧洞出口流态($Q = 222\ \mathrm{m^3/s}$)

结果表明,引水流量为 72.7 $\mathrm{m^3/s}$,当调蓄水库水位为 1 216.00 m 时,洞出口水面线为降水曲线,在出口段 300 m 范围洞内最大水深为 3.62 m;当调蓄水库水位达到正常蓄水位 1 229.50 m 时,受洞出口淹没影响,洞出口段产生壅水,洞出口段水深较自由出流时明显增大,试验段测量最大水深为 5.56 m。引水流量为 222 $\mathrm{m^3/s}$,当调蓄水库水位为 1 216.00 m 时,洞出口水面线为降水曲线,在出口段 300 m 范围洞内最大水深为 6.61 m;当调蓄水库水位达到正常蓄水位 1 229.50 m 时,洞出口为淹没出流,闸室段水深增大,但洞内水深较自由出流时变化不大。

5.5.4　电站取水口进口流态

试验观测了单管单机($Q = 35\ \mathrm{m^3/s}$)和单管四机($Q = 139.2\ \mathrm{m^3/s}$)运行时各特征库水位时电站进口流态。结果表明,单管四机运行时库水位 1 216.00 m 时进口有局部漩涡,漩涡为顺时针方向,直径约 1 m,漩涡上下不贯通。在库水位为 1 229.50 m 时,电站进口处水流平稳,无漩涡出现。单管单机运行时,由于引水流量变小,进口处水流平顺,低水位和高水位时均未出现漩涡,流态良好,见图 5-24~图 5-27。

图 5-24　电站进口流态($Q = 35\ \mathrm{m^3/s}, H = 1\ 216.00\ \mathrm{m}$)

图 5-25　电站进口流态($Q=35\ \mathrm{m^3/s},H=1\ 229.50\ \mathrm{m}$)

图 5-26　电站进口流态($Q=139.2\ \mathrm{m^3/s},H=1\ 216.00\ \mathrm{m}$)

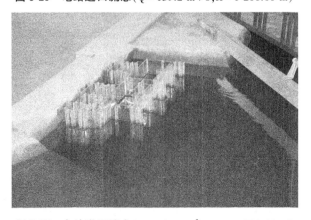

图 5-27　电站进口流态($Q=139.2\ \mathrm{m^3/s},H=1\ 229.50\ \mathrm{m}$)

5.5.5　管道压力分布

试验分别在压力洞的进口段、洞身段布置测点 45 个,测点布置及编号如图 5-28 所示。

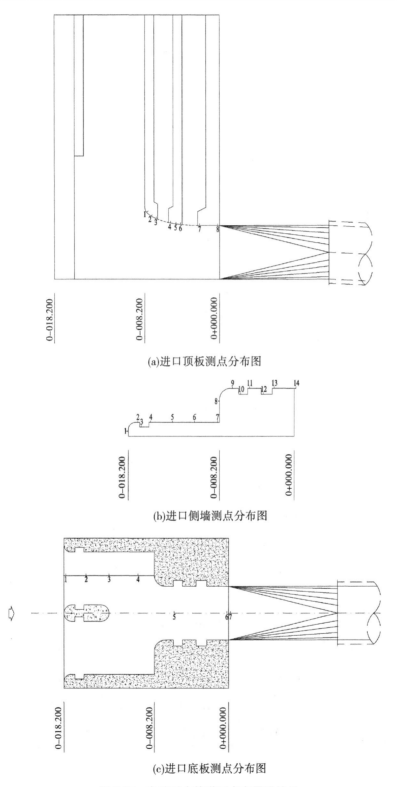

(a)进口顶板测点分布图

(b)进口侧墙测点分布图

(c)进口底板测点分布图

图 5-28　电站引水管道测点布置及编号

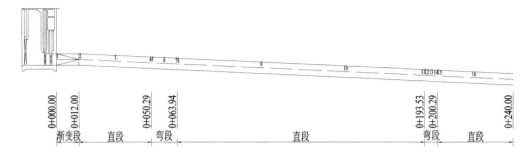

续图 5-28

试验测量单管四机和单管单机运行时各特征库水位时不同部位压力见表 5-6、表 5-7,对应的压力分布见图 5-29~图 5-32。试验结果表明,各部分压力分布均匀,且为较高的正压。在洞身段,由于单管四机运行时,洞内流量大,相应断面流速大,断面流速水头增大,因此相应该断面压力较单管单机运行时小。

表 5-6　单管四机运行(流量 139.8 m³/s 时)沿程压力

位置	测点编号	桩号	高程(m)	库水位(m)		
				1 216.00	1 229.50	1 231.85
左孔底板	1	0-018.00	1 204.50	11.58	24.70	27.46
	2	0-015.72	1 204.50	11.50	24.66	27.10
	3	0-013.20	1 204.50	11.50	24.66	27.18
	4	0-010.00	1 204.50	11.42	24.62	27.10
底板中线	5	0-006.00	1 204.50	10.90	24.14	26.86
	6	0-000.20	1 204.50	10.74	23.90	26.30
	7	0+000.20	1 204.50	10.70	23.90	26.30
顶板	1	0-008.00	1 211.70	3.82	16.94	19.66
	2	0-007.50	1 211.30	4.07	17.19	19.63
	3	0-007.00	1 211.04	4.24	17.36	19.84
	4	0-005.40	1 210.57	4.35	17.51	19.99
	5	0-004.80	1 210.47	4.41	17.77	20.25
	6	0-004.30	1 210.40	4.52	17.92	20.36
	7	0-002.20	1 210.30	4.82	17.98	20.46
	8	0-000.20	1 210.30	4.82	18.06	20.50

续表 5-6

位置	测点编号	桩号	高程（m）	库水位（m）		
				1 216.00	1 229.50	1 231.85
洞身	1	0+000.20	1 210.30	4.90	18.14	20.98
	2	0+012.51	1 204.482	4.08	17.44	19.88
	3	0+031.30	1 203.65	5.12	18.52	20.88
	4	0+050.01	1 202.81	5.16	18.56	20.96
	5	0+050.80	1 202.775	5.63	19.03	21.43
	6	0+057.23	1 202.489	6.04	19.48	21.88
	7	0+063.66	1 202.202	6.24	19.68	22.04
	8	0+064.45	1 202.167	6.32	19.68	22.08
	9	0+108.01	1 202.165	6.32	19.60	22.04
	10	0+151.97	1 202.145	5.86	19.34	21.66
	11	0+193.25	1 196.425	11.42	24.98	27.22
	12	0+194.04	1 196.39	11.34	24.86	27.18
	13	0+197.02	1 196.257	11.71	25.11	27.51
	14	0+200.01	1 196.124	11.68	25.12	27.52
	15	0+200.80	1 196.088	11.92	25.32	27.72
	16	0+219.59	1 195.25	12.48	25.96	28.36
侧墙	1	0-018.20	1 201.60	14.52	27.60	30.08
	2	0-017.15	1 201.60	14.48	27.56	30.08
	3	0-016.75	1 201.60	14.48	27.60	30.04
	4	0-015.75	1 201.60	14.48	27.60	30.00
	5	0-013.35	1 201.60	14.48	27.64	29.96
	6	0-010.95	1 201.60	14.48	27.64	29.92
	7	0-084.00	1 201.60	14.48	27.68	29.96
	8	0-084.00	1 201.60	14.48	27.56	29.92
	9	0-006.80	1 201.60	13.36	26.60	29.08
	10	0-005.90	1 201.60	13.64	26.80	29.28
	11	0-004.90	1 201.60	13.44	26.76	29.20
	12	0-003.40	1 201.60	13.61	26.97	29.45
	13	0-002.20	1 201.60	13.57	26.97	29.41
	14	0+002.20	1 201.60	13.53	26.93	29.33

表 5-7 单管单机运行(流量 35 m³/s 时)沿程压力

位置	测点编号	桩号	高程(m)	库水位(m)		
				1 216.00	1 229.50	1 231.85
左孔底板	1	0-018.00	1 204.50	11.66	25.18	27.30
	2	0-015.72	1 204.50	11.62	25.18	27.38
	3	0-013.20	1 204.50	11.62	25.10	27.34
	4	0-010.00	1 204.50	11.62	25.18	27.34
底板中线	5	0-006.00	1 204.50	11.66	25.06	27.38
	6	0-000.20	1 204.50	11.70	25.10	27.38
	7	0+000.20	1 204.50	11.70	25.18	27.38
顶板	1	0-008.00	1 211.70	4.42	17.98	20.10
	2	0-007.50	1 211.30	4.79	18.27	20.51
	3	0-007.00	1 211.04	5.04	18.60	20.80
	4	0-005.40	1 210.57	5.51	19.03	21.27
	5	0-004.80	1 210.47	5.56	19.13	21.41
	6	0-004.30	1 210.40	5.68	19.20	21.48
	7	0-002.20	1 210.30	5.54	19.26	21.58
	8	0-000.20	1 210.30	5.74	19.22	21.58
洞身	1	0+000.20	1 210.30	5.78	19.26	21.46
	2	0+012.51	1 204.482	5.40	19.44	21.44
	3	0+031.30	1 203.65	6.24	20.28	22.28
	4	0+050.01	1 202.81	7.12	21.12	23.08
	5	0+050.80	1 202.775	7.19	21.11	23.19
	6	0+057.23	1 202.489	7.80	21.44	23.48
	7	0+063.66	1 202.202	7.76	21.76	23.72
	8	0+064.45	1 202.167	7.96	21.76	23.76
	9	0+108.01	1 202.165	7.48	21.72	23.76
	10	0+151.97	1 202.145	7.74	21.82	23.74
	11	0+193.25	1 196.425	13.50	27.46	29.46
	12	0+194.04	1 196.39	13.54	27.54	29.46
	13	0+197.02	1 196.257	13.67	27.67	29.67
	14	0+200.01	1 196.124	13.80	27.80	29.80
	15	0+200.80	1 196.088	13.96	27.84	29.88
	16	0+219.59	1 195.25	14.88	28.64	30.64

续表 5-7

位置	测点编号	桩号	高程（m）	库水位（m）		
				1 216.00	1 229.50	1 231.85
侧墙	1	0−018.20	1 201.60	14.76	28.00	30.32
	2	0−017.15	1 201.60	14.52	27.92	30.32
	3	0−016.75	1 201.60	14.52	28.04	30.28
	4	0−015.75	1 201.60	14.56	28.00	30.28
	5	0−013.35	1 201.60	14.52	28.00	30.24
	6	0−010.95	1 201.60	14.52	28.04	30.24
	7	0−084.00	1 201.60	14.52	28.04	30.20
	8	0−084.00	1 201.60	14.52	27.92	30.24
	9	0−006.80	1 201.60	14.44	27.88	30.16
	10	0−005.90	1 201.60	13.76	27.88	30.16
	11	0−004.90	1 201.60	14.44	27.96	30.24
	12	0−003.40	1 201.60	14.37	28.21	30.21
	13	0−002.20	1 201.60	14.41	28.25	30.25
	14	0+002.20	1 201.60	14.25	28.25	30.25

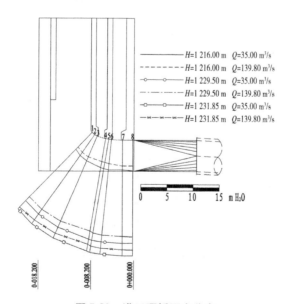

图 5-29　进口顶板压力分布

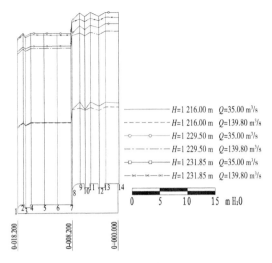

图 5-30　进口侧墙压力分布

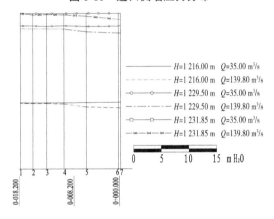

图 5-31　进口底板压力分布

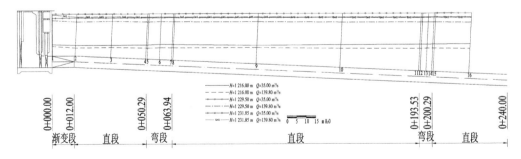

图 5-32　洞身压力沿程分布

5.5.6　水库淤积分布

在调蓄水库上游进口加沙,试验观测了电站正常发电时水库淤积情况。试验采用一组概化的水沙条件:输水隧洞流量 222 m³/s,含沙量 1.5 kg/m³,调蓄水库水位 1 229.50 m,模型放水约 2 h(原型 12 h),库区泥沙落淤分布情况如图 5-33 所示。从图中可以看出,浑水入库后,由于主流偏右侧,泥沙多跟随主流在电站压力管道进口上游 350 m 以内主河槽和右岸开挖平台范围内落淤,如图中 1 区、2 区,左岸为弱回流区,水体与主流水沙交换得少,因此泥沙落淤较少。

图 5-33　库区泥沙落淤分布情况

5.5.7　电站进口冲刷漏斗形态

为了观测库区淤积后电站正常发电和放空洞运用时电站进口形成冲刷漏斗情况,按照设计单位的要求,模型放水前将调蓄水库内铺设模型沙至 1 214.00~1 215.00 m 高程模拟库区淤积,如图 5-34 所示。

图 5-34　水库初始淤积地形

试验首先测量了电站双洞八台机组机运行($Q = 278.4$ m³/s,调蓄水库水位 1 229.5 m),8 h 后电站压力洞进口前自然形成的漏斗,如图 5-35 所示,从图中可以看出,电站进水口左侧两孔前冲刷漏斗较陡,漏斗上口宽 10 m,漏斗坡度 1∶1。而右侧两孔前冲刷漏斗较缓,冲刷漏斗上口宽 20 m,漏斗坡度 1∶2。

放空洞拉沙试验,放空洞运行($Q = 91$ m³/s,调蓄水库水位 1 229.50 m)8 h 后,其进口前形成一个 26 m×30 m 范围的冲刷漏斗,如图 5-36 所示。试验表明,仅靠放空洞运行排沙,其拉沙范围有限,仅能够将与其相邻的一孔电站进口前的局部泥沙排出。

图 5-35　电站压力洞进口冲刷漏斗

图 5-36　放空洞进口冲刷漏斗

5.6　输水隧洞出口下游开挖消力塘方案

5.6.1　水流流态

　　根据原设计方案试验成果,当调蓄水库水位较低时,隧洞出口跌落水流部分直冲右岸山体,可能造成右岸山体严重冲刷。据此,对输水隧洞出口消能体形进行修改,在原始地形上开挖消力塘,沿洞身延长线方向长 32 m、深 8 m,塘底高程为 1 208.00 m,并在消力塘末端右侧加尾坎,尾坎高 1 m,消力塘平面图见图 5-37、剖面图见图 5-38、模型图见图 5-39。

　　当输水隧洞引水流量 222 m³/s 时,进行了下游库水位分别为 1 216.00 m、1 217.00 m和 1 229.50 m 三种工况试验。结果表明,库水位为 1 216.00 m 时,输水隧洞出口水舌射入消力塘后形成水跃,见图 5-40。消力塘出口处河槽最大流速值为 3.14 m/s,在压力洞取水口 340 m 范围,流速分布相对均匀,河槽最大流速为 0.99 m/s,见图 5-41。当水库水位高于 1 216.00 m 达到 1 217.00 m 时,消力塘内水位抬升,水流翻过尾坎,在开挖的 1 216.00 m 平台上形成二次水跃,水跃头部位置距离尾坎约 12 m。右岸开挖平台上最大流速约为

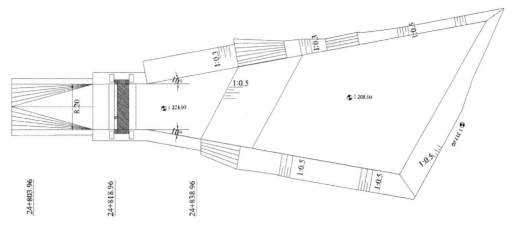

图 5-37　消力塘平面图　（单位:m）

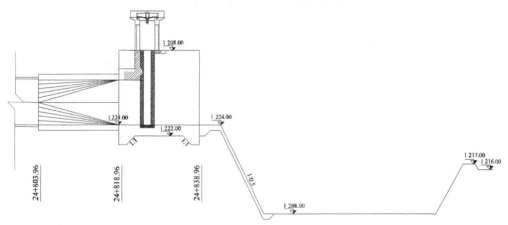

图 5-38　消力塘剖面图

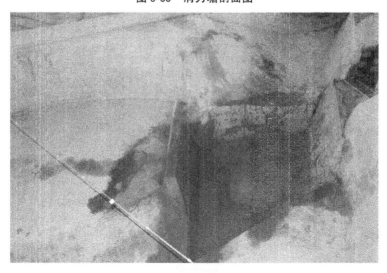

图 5-39　消力塘模型图

1.34 m/s,左岸开挖平台上最大流速约为 0.71 m/s,河槽内水深大、流速小,见图 5-42 和图 5-43。库水位为 1 229.50 m 时,水流经过消力塘消能调整后,主流偏向水库主河槽位置,主流不再冲击右岸山体,消力塘出口处最大流速为 2.13 m/s,右岸开挖平台上最大流速约为 1.09 m/s,左岸开挖平台上最大流速约为 1.16 m/s,见图 5-44 和图 5-45。

图 5-40　输水隧洞出口流态(Q = 222 m³/s,H = 1 216.00 m)

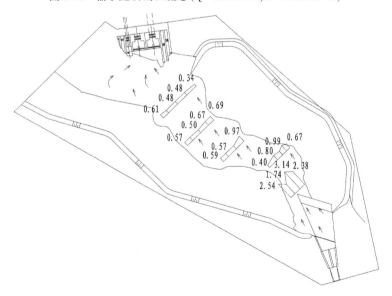

图 5-41　库区流态及流速分布(Q = 222 m³/s,H = 1 216.00 m)　(单位:m/s)

图 5-42　输水隧洞出口流态($Q = 222 \ \mathrm{m^3/s}, H = 1\ 217.00 \ \mathrm{m}$)

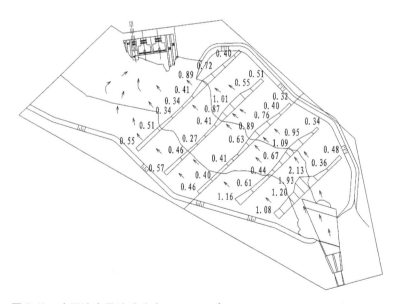

图 5-43　库区流态及流速分布($Q = 222 \ \mathrm{m^3/s}, H = 1\ 217.00 \ \mathrm{m}$)　（单位:m/s）

图 5-44　输水隧洞出口流态(Q＝222 m^3/s,H＝1 229.50 m)

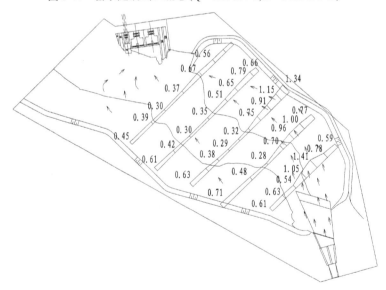

图 5-45　库区流态及流速分布(Q＝222 m^3/s,H＝1 229.50 m)　（单位:m/s）

5.6.2　消力塘底板压力

在消力塘底板上共布设了 15 个测压点,测压点布置见图 5-46。试验测量了引水流量为 222 m^3/s,下游库水位分别为 1 216.00 m、1 217.00 m、1 229.50 m 时,消力塘内的压力分布如表 5-8 所示。从表中可以看出,消力塘底上压力随着调蓄水位的升高而增大,实测三个工况下消力塘底板最大压力分别为 9.77 mH$_2$O、10.29 mH$_2$O 和 21.73 mH$_2$O。

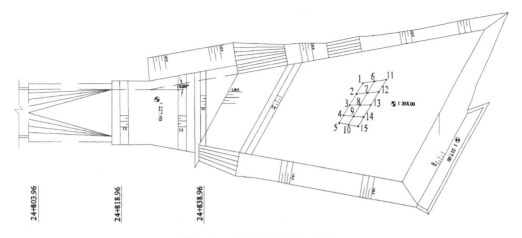

图 5-46　消力塘底板测压点布置

表 5-8　消力塘内底板压力　　　（单位：mH₂O）

测点编号	高程（m）	$H=1\,216.00$ m	$H=1\,217.00$ m	$H=1\,229.50$ m
1	1 208.00	7.65	8.81	21.73
2	1 208.00	7.21	8.33	21.73
3	1 208.00	7.01	8.37	21.73
4	1 208.00	7.25	8.49	21.73
5	1 208.00	7.33	8.57	21.73
6	1 208.00	8.17	9.05	21.73
7	1 208.00	8.85	9.49	21.73
8	1 208.00	9.77	10.29	21.73
9	1 208.00	—	—	21.73
10	1 208.00	8.33	9.09	21.73
11	1 208.00	7.41	8.61	21.73
12	1 208.00	7.05	8.29	21.73
13	1 208.00	7.01	8.29	21.73
14	1 208.00	7.93	9.13	21.73
15	1 208.00	7.89	8.97	21.73

5.7　输水隧洞出口体形优化修改方案一

5.7.1　修改体形布置

　　根据原设计方案及开挖消力塘方案试验成果,设计部门提供最终输水隧洞出口方案。推荐方案闸室段由原先两孔改为一孔,闸室孔口宽 8.2 m,出闸室后护坦边墙向两侧扩散,扩散角为 10°,护坦及闸室段高程均为 1 224.00 m,护坦末端与陡坡衔接,陡坡坡度为 1∶0.5。消力塘底部高程降至 1 203.00 m,消力塘长度加长至 57.79 m。为了改善水流流态,将靠近主河槽附近开挖平台高程由原来的 1 216.00 m 降至 1 214.00 m。对局部山体开挖范围进行了调整。图 5-47 为修改后隧洞出口及消力塘平面布置图,剖面图见图 5-48。

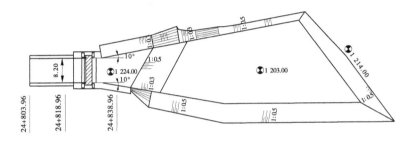

图 5-47　修改后隧洞出口及消力塘平面布置图　（单位:m）

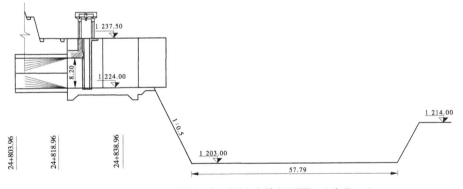

图 5-48　修改后隧洞出口及消力塘剖面图　（单位:m）

5.7.2　水流流态与流速分布

　　引水流量为 72.7 m³/s,调蓄水库水位为 1 216.00 m 时,输水隧洞水流出闸室末端后,直接跌入消力塘内。经消力塘消能后,水流均匀平顺地进入下游河道,流态如图 5-49 所示,主流沿原河槽至电站引水口,库区流态及流速分布见图 5-50。从图中可知,该水流条件下水库内各断面流速分布均匀。

　　隧洞正常引水流量 222 m³/s,当调蓄水库水位为 1 216.00 m 时,输水隧洞出口水流仍然是跌入消力塘内,消力塘内水花翻滚,隧洞出口附近流态如图 5-51 所示。水流经消力塘消能后,主流沿原河槽至电站进水口,电站进水口流态较为平顺,进口没有出现串通性漏斗漩涡,见图 5-52。图 5-53 为库区流态及流速分布,可以看出,库区各断面流速分布相对均匀。

图 5-49　输水隧洞出口流态($Q = 72.7$ m³/s, $H = 1\ 216.00$ m)

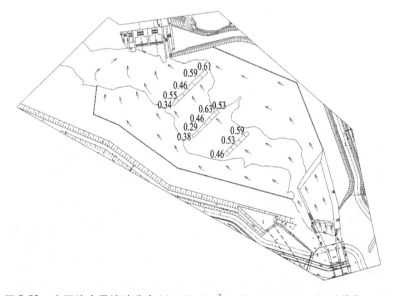

图 5-50　库区流态及流速分布($Q = 72.7$ m³/s, $H = 1\ 216.00$ m)　(单位:m/s)

图 5-51　输水隧洞出口流态($Q = 222$ m³/s, $H = 1\,216.00$ m)

图 5-52　电站进口流态($Q = 222$ m³/s, $H = 1\,216.00$ m)

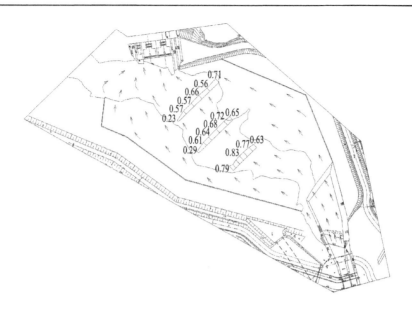

图 5-53　库区流态及流速分布($Q=222\ \mathrm{m^3/s}, H=1\ 216.00\ \mathrm{m}$)　（单位:m/s）

库水位在正常蓄水位 1 229.50 m 时,无论输水隧洞流量是 72.7 $\mathrm{m^3/s}$,还是 222 $\mathrm{m^3/s}$,隧洞出流均为淹没出流。流量为 72.7 $\mathrm{m^3/s}$ 时输水隧洞出口附近水面平静,如图 5-54 所示,试验测量库区流态及流速分布如图 5-55 所示,从库区各断面流速分布看,右侧流速较其他部位略大。流量为 222 $\mathrm{m^3/s}$ 时,在输水隧洞出口附近,主流区水面波动较大,同时受左岸水体的挤压,主流向右略有摆动,如图 5-56 所示,库区流态及流速分布如图 5-57 所示。

图 5-54　输水隧洞出口流态($Q=72.7\ \mathrm{m^3/s}, H=1\ 229.50\ \mathrm{m}$)

试验还观测了调蓄水库水位由 1 216.00 m 升至 1 229.50 m 时出口流态变化,输水隧洞流量为 222 $\mathrm{m^3/s}$,库水位在 1 216.00 ~ 1 224.59 m 范围变化时,输水隧洞出流跌入水垫塘,库水位在 1224.59 ~ 1 228.39 m 范围变化时,输水隧洞出流以面流形式入库,见

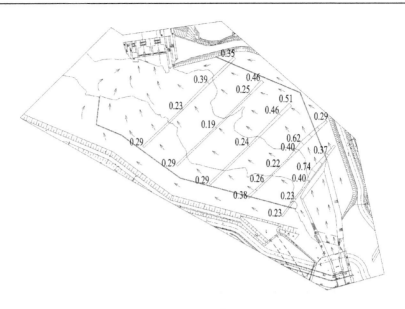

图 5-55　库区流态及流速分布（$Q = 72.7 \ \text{m}^3/\text{s}, H = 1\ 229.50 \ \text{m}$）　（单位：m/s）

图 5-56　输水隧洞出口流态（$Q = 222 \ \text{m}^3/\text{s}, H = 1\ 229.50 \ \text{m}$）

图 5-58。库水位为 1 228.39 m 时,水面波状水跃上移至闸室护坦末端,如图 5-59 所示。当库水位为 1 229.00 m 时,水跃向上游至闸门槽位置并逐渐形成淹没水跃,水流流态趋于平稳,如图 5-60 所示。另外,由于输水隧洞出口护坦段右侧边墙相对较短,当库水位在 1 224.59 ~ 1 228.39 m 范围内变化时,水流出洞后主流带向右侧偏斜,顶冲右岸边坡,如图 5-61 所示;若将右侧边墙扩散角减小为零,水流出洞后主流摆向水库中部,如图 5-62 所示。

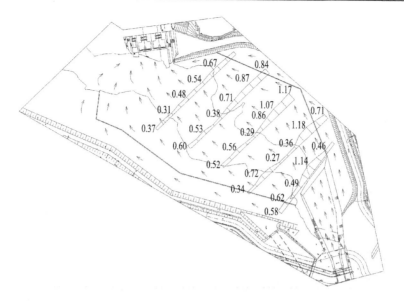

图 5-57　库区流态及流速分布 $(Q = 222\ \mathrm{m}^3/\mathrm{s}, H = 1\ 229.50\ \mathrm{m})$　（单位:m/s）

图 5-58　输水隧洞出口面流流态 $(Q = 222\ \mathrm{m}^3/\mathrm{s}, H = 1\ 227.65\ \mathrm{m})$

图 5-59　输水隧洞出口波状水跃流态($Q = 222$ m³/s, $H = 1\ 228.39$ m)

图 5-60　输水隧洞出口淹没水跃流态($Q = 222$ m³/s, $H = 1\ 229.00$ m)

图 5-61　右边墙扩散角为 10°时输水隧洞出口流态（$Q = 222$ m³/s，$H = 1\ 227.90$ m）

图 5-62　右边墙扩散角为 0°时输水隧洞出口流态（$Q = 222$ m³/s，$H = 1\ 227.90$ m）

5.7.3　闸室护坦段流速分布

　　试验分别测量了流量为 72.7 m³/s 和 222 m³/s 时，下游两种库水位时输水隧洞出口闸室护坦段 1#～4# 断面（位于门槽下 4 m、8 m、12 m 及护坦末端断面）流速分布，表 5-9 和表 5-10 为实测流速值，流速分布如图 5-63～图 5-66 所示。试验结果表明，当闸室出口段为自由跌水时，闸室护坦段流速较大，两级流量 72.7 m³/s 和 222 m³/s 时，对应护坦段最大流速分别达到 8.19 m/s 和 11.1 m/s。当闸室出口段为淹没出流时，闸室护坦段流速相对较小，两级流量 72.7 m³/s 和 222 m³/s 时，对应护坦段最大流速分别为 2.06 m/s 和 5.83 m/s。

表 5-9 不同库水位(流量 72.7 m³/s 时)各断面流速值 (单位:m/s)

断面	测量位置		H = 1 216.00 m		H = 1 229.50 m		断面	测量位置		H = 1 216.00 m		H = 1 229.50 m	
			实测值	垂线平均	实测值	垂线平均				实测值	垂线平均	实测值	垂线平均
1#	左1	底	6.38	6.38	1.26	1.24	3#	左1	底	6.45	6.45	0.82	0.49
		中			1.64				中			0.4	
		表			0.8				表			0.25	
	左中	底	6.93	6.93	1.56	1.44		左中	底	7.23	7.23	1.18	0.91
		中			1.62				中			1.16	
		表			1.14				表			0.38	
	中	底	6.91	6.91	1.64	1.76		中	底	7.42	7.42	1.39	1.49
		中			2.23				中			1.81	
		表			1.39				表			1.26	
	右中	底	7.18	7.18	1.83	1.91		右中	底	7.37	7.37	1.71	1.95
		中			2.21				中			2.3	
		表			1.69				表			1.83	
	右1	底	7.02	7.02	1.83	2.06		右1	底	6.87	6.87	1.2	1.7
		中			2.28				中			2.09	
		表			2.09				表			1.81	
2#	左1	底	6.49	6.49	0.82	0.84	4#	左1	底	6.32	6.32	0.34	0.42
		中			1.05				中			0.55	
		表			0.65				表			0.38	
	左中	底	6.97	6.97	1.64	1.35		左中	底	7.61	7.61	1.07	0.93
		中			1.71				中			1.2	
		表			0.7				表			0.51	
	中	底	6.93	6.93	1.64	1.6		中	底	7.98	7.98	1.71	1.52
		中			1.92				中			1.81	
		表			1.24				表			1.03	
	右中	底	6.99	6.99	1.71	1.9		右中	底	8.19	8.19	1.71	1.69
		中			2.09				中			1.96	
		表			1.9				表			1.41	
	右1	底	6.53	6.53	1.52	1.91		右1	底	7.37	7.37	1.26	1.58
		中			2.21				中			1.79	
		表			2				表			1.69	

表 5-10　不同库水位(流量 222 m³/s 时)各断面流速值　　　　（单位:m/s）

断面	测量位置		$H = 1\ 216.00$ m		$H = 1\ 229.50$ m		断面	测量位置		$H = 1\ 216.00$ m		$H = 1\ 229.50$ m	
			实测值	垂线平均	实测值	垂线平均				实测值	垂线平均	实测值	垂线平均
1#	左1	底	8.38	8.34	1.05	1.68	3#	左1	底	8.68	8.53	1.22	1.13
		中			2.09				中			1.16	
		表	8.3		1.9				表	8.38		1.01	
	左中	底	7.33	7.12	4.66	4.42		左中	底	10	7.81	2.17	2.98
		中			5.25				中			3.33	
		表	8.91		3.37				表	7.61		3.45	
	中	底	7.52	7.46	5.16	5.54		中	底	7.99	7.94	3.16	4.84
		中			7.08				中			6.59	
		表	7.4		4.38				表	7.9		4.76	
	右中	底	7.42	7.43	5.14	5.75		右中	底	7.88	7.1	3.81	5.84
		中			6.99				中			7.54	
		表	7.44		5.12				表	7.2		6.17	
	右1	底	7.33	7.42	3.75	5.28		右1	底	7.42	7.92	2.19	4.26
		中			7.16				中			4.38	
		表	7.5		4.93				表	7.4		6.19	
2#	左1	底	8.6	8.5	1.29	1.5	4#	左1	底	7.12	7.31	0.97	0.83
		中			1.39				中			0.65	
		表	8.41		1.83				表	7.5		0.86	
	左中	底	7.61	7.42	1.47	3.11		左中	底	7.5	7.5	0.97	1.11
		中			4.68				中			0.82	
		表	7.23		3.18				表	7.5		1.54	
	中	底	7.92	7.76	4.02	4.92		中	底	7.7	7.8	3.03	4.41
		中			6.24				中			5.6	
		表	7.61		4.51				表	7.9		4.59	
	右中	底	7.56	7.72	4.45	5.44		右中	底	11.3	11.1	3.94	5.83
		中			7.04				中			7.31	
		表	7.88		4.82				表	7.9		6.24	
	右1	底	7.08	7.39	2.76	3.92		右1	底	7.1	7.2	2.82	4.04
		中			4.61				中			4.02	
		表	7.69		4.38				表	7.4		5.27	

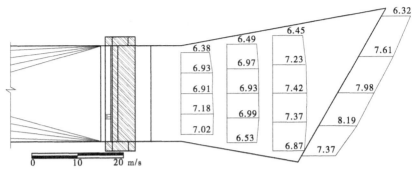

图 5-63　不同断面垂线流速分布图$(Q = 72.7 \ \mathrm{m^3/s}, H = 1\,216.00 \ \mathrm{m})$　（单位：m/s）

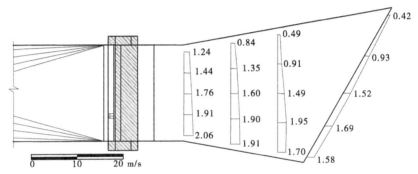

图 5-64　　不同断面垂线流速分布图$(Q = 72.7 \ \mathrm{m^3/s}, H = 1\,229.50 \ \mathrm{m})$　（单位：m/s）

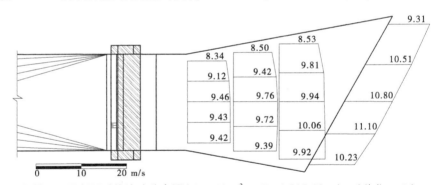

图 5-65　不同断面垂线流速分布图$(Q = 222 \ \mathrm{m^3/s}, H = 1\,216.00 \ \mathrm{m})$　（单位：m/s）

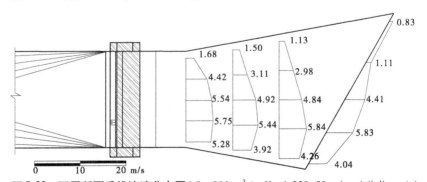

图 5-66　不同断面垂线流速分布图$(Q = 222 \ \mathrm{m^3/s}, H = 1\,229.50 \ \mathrm{m})$　（单位：m/s）

5.7.4　输水隧洞内水面线

试验测量了输水隧洞流量为 72.7 m³/s 和 222 m³/s,调蓄水库水位为 1 216.00 m 和 1 229.50 m 时输水隧洞出口段水面线,表 5-11 和表 5-12 为实测隧洞出口段水深,图 5-67 和图 5-68 为不同工况下输水隧洞出口水面线。

表 5-11　不同库水位(流量 72.7 m³/s 时)输水隧洞沿程水深

$Q = 72.7$ m³/s, $H = 1$ 216.00 m		$Q = 72.7$ m³/s, $H = 1$ 229.50 m	
桩号	水深(m)	桩号	水深(m)
24 + 698.95	3.57	24 + 698.95	5.35
24 + 728.95	3.51	24 + 728.95	5.39
24 + 722.95	3.11	24 + 722.95	5.43
24 + 734.95	3.55	24 + 738.95	5.54
24 + 750.95	3.44	24 + 750.95	5.52
24 + 770.95	2.96	24 + 766.95	5.50
24 + 778.95	2.80	24 + 778.95	5.50
24 + 788.95	2.94	24 + 786.95	5.42
24 + 795.75	2.82	24 + 796.55	5.40
24 + 831.65	1.32	24 + 830.65	5.50
24 + 835.65	1.02	24 + 835.65	5.50
24 + 840.85	0.80	24 + 840.85	5.50

表 5-12　不同库水位(流量 222 m³/s 时)输水隧洞沿程水深

$Q = 222$ m³/s, $H = 1$ 216.00 m		$Q = 222$ m³/s, $H = 1$ 229.50 m	
桩号	水深(m)	桩号	水深(m)
24 + 714.95	5.80	24 + 714.95	5.76
24 + 726.95	5.74	24 + 734.95	5.73
24 + 750.95	5.50	24 + 750.95	5.14
24 + 762.95	5.14	24 + 762.95	5.10
24 + 766.95	5.14	24 + 770.95	5.08
24 + 778.95	4.94	24 + 776.95	4.98
24 + 796.55	4.88	24 + 784.55	4.90
24 + 827.25	3.14	24 + 830.65	5.14
24 + 837.65	2.50	24 + 837.65	5.18
24 + 841.25	1.56	24 + 841.25	5.18

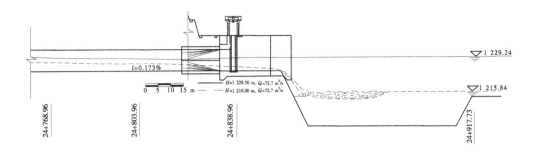

图 5-67 输水隧洞出口流态($Q = 72.7 \ \mathrm{m^3/s}$)

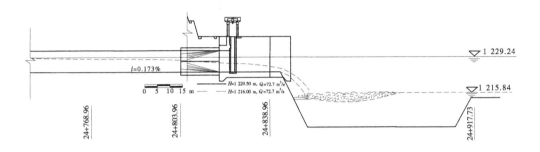

图 5-68 输水隧洞出口流态($Q = 222 \ \mathrm{m^3/s}$)

可以看出,引水流量为 72.7 $\mathrm{m^3/s}$,当调蓄水库水位为 1 216.00 m 时,洞出口水面线为降水曲线;当调蓄水库水位达到正常蓄水位 1 229.50 m 时,受洞出口淹没影响,洞出口段水面线为壅水曲线,洞内水深明显大于洞内正常水深,此工况下,模型模拟范围内洞内最大水深为 5.54 m。

引水流量为 222 $\mathrm{m^3/s}$,当调蓄水库水位为 1 216.00 m 时,洞出口水面线为降水曲线;当调蓄水库水位达到正常蓄水位 1 229.50 m 时,洞出口虽然为淹没出流,闸室段及护坦段水深明显增大,但输水隧洞出口段水面线仍为降水曲线,洞内水深与自由跌水时相比变化不大。试验还观测到,当水库水位高于正常蓄水位 1 229.50 m 时,隧洞出口段将会产生壅水,洞内水深大于设计正常水深,不满足洞顶余幅设计要求。因此,输水隧洞出口底板最低高程不能低于 1 224.00 m。

5.7.5 消力塘底板压力

消力塘底板上共布设了 15 个测点,测点具体布置位置及各测点的编号见图 5-69,试验测量了引水流量为 72.7 $\mathrm{m^3/s}$ 和 222 $\mathrm{m^3/s}$,下游库水位分别为 1 216.00 m、1 229.50 m 时,消力塘内的压力分布的具体测量数据见表 5-13。

从表 5-13 中可以看出,消力塘底板上压力随着调蓄水库水位的升高而增大,由于消力塘水深较大,底板压力接近水深。

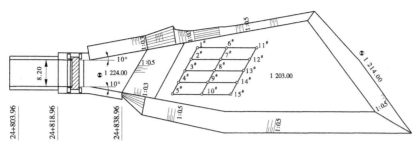

图 5-69 消力塘底板测点布置及编号

表 5-13 消力塘内底板压力 (单位:mH₂O)

测点编号	测点高程(m)	$Q=72.7 \text{ m}^3/\text{s}$, $H=1\,216.00 \text{ m}$	$Q=222 \text{ m}^3/\text{s}$, $H=1\,216.00 \text{ m}$	$Q=72.7 \text{ m}^3/\text{s}$, $H=1\,229.50 \text{ m}$	$Q=222 \text{ m}^3/\text{s}$, $H=1\,229.50 \text{ m}$
1	1 203.00	12.84	12.54	26.30	26.14
2	1 203.00	12.21	12.56	26.25	26.21
3	1 203.00	13.21	12.41	26.30	26.45
4	1 203.00	12.37	12.73	26.30	26.49
5	1 203.00	12.89	12.41	26.30	26.14
6	1 203.00	13.00	13.30	26.25	26.14
7	1 203.00	13.00	12.77	26.30	26.14
8	1 203.00	13.00	12.62	26.30	26.14
9	1 203.00	13.00	12.38	26.30	26.14
10	1 203.00	13.00	12.38	26.30	26.14
11	1 203.00	13.00	12.34	26.30	26.14
12	1 203.00	13.00	12.65	26.30	26.14
13	1 203.00	13.00	12.86	26.30	26.14
14	1 203.00	13.00	12.77	26.30	26.14
15	1 203.00	13.04	12.38	26.30	26.14

5.7.6 闸门启闭过程水流流态

根据试验任务要求,需要观测输水隧洞出口闸门启闭过程中隧洞出口流态。设计提供输水隧洞出口闸门开启时的水流条件是:隧洞出口闸前水头 22 m,调蓄水库水位 1 216.00 m 时,进行开启闸门试验,闸门开启速度为 0.5 m/min。在该水流条件下,闸门不同开度时隧洞出口流态如图 5-70 ~ 图 5-73 所示。闸门刚开启时,闸前水头较高,水舌挑距相对较远,随着闸门开度增大、泄量的增大,水舌跌入水垫塘后,水花翻滚,导致整个水库水面有较大波动。

图 5-70　闸门开启 0.5 m 隧洞出口流态

图 5-71　闸门开启 3 m 隧洞出口流态

图 5-72　闸门开启 6 m 隧洞出口流态

图 5-73　闸门开启 6 m 库区流态

设计提供输水隧洞出口闸门关闭水流条件:输水隧洞正常引水流量 222 m³/s,调蓄水库水位 1 216.00 m 时,进行闸门关闭试验,闸门关闭速度为 0.5 m/min。该水流条件下隧洞出口流态如图 5-74 ~ 图 5-76 所示。试验表明,闸门关闭接触到水面后,在隧洞内产生水击波,洞内局部开始出现满管,闸门关闭约 1.6 min(原型时间)水击波传播至距洞出口 300 m 处。闸门在关闭过程中,隧洞中存在明满流过渡流态,设计调度运用时应注意这种不利流态。

图 5-74　闸门关闭 6 m 隧洞出口流态

图 5-75　闸门关闭 7 m 隧洞出口流态

图 5-76　闸门关闭 8 m 隧洞出口流态

5.8　输水隧洞出口体形修改方案二

5.8.1　方案体形

　　根据 2012 年 8 月 23 日厄瓜多尔 CCS 水电站首部枢纽及调蓄水库模型试验项目验收意见要求,对 CCS 调蓄水库输水隧洞出口下游消力池体形进行了局部修改。消力池底部高程 1 203.00 m 保持不变,将消力池尾部右侧高程由 1 214.00 m 降为 1 211.00 m,然后以 1:12 的坡挖到 1 214.00 m 平台,开挖范围由 1 214.00 m 高程与河床地形相交处为起点、半径为 50 m 的圆弧与消力池右岸边墙相切,具体平面布置及修改后模型见图 5-77 和图 5-78。

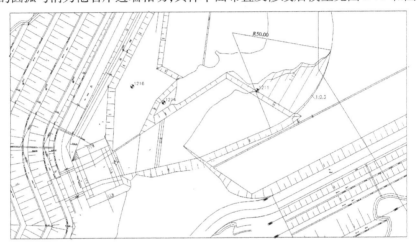

图 5-77　消力池修改方案平面布置

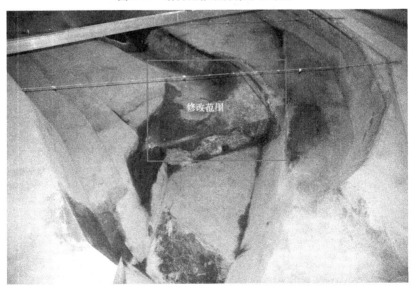

图 5-78　消力池修改后模型

5.8.2　水流流态与流速分布

消力池体形修改后分别对隧洞正常引水流量 222 m³/s，调蓄水库死水位 1 216.00 m 和正常蓄水位 1 229.50 m 时下游流态及流速分布进行了观测。图 5-79 为 1 216.00 m 水位时流速分布，图 5-80 为水库流态。结果表明，当调蓄水库水位为 1 216.00 m 时，输水隧洞水流进入消力池后消能充分，消力池内断面平均流速最大为 2.91 m/s，实测最大底部流速为 6.87 m/s，消力池末端断面平均流速较小，断面平均流速最大为 1.64 m/s。可以看出，消力池尾部局部体形修改后，受右侧弧状开挖坡导向作用，水流出消力池后主要沿着原河槽前行，流态平顺，由于右侧开挖 1 214.00 m 平台上水深较浅，断面上垂线平均流速略大于河槽，右侧 1 214.00 m 平台上流速为 0.95 ~ 1.79 m/s，河道河槽内由于水深加大，流速值均在 1 m/s 以下。试验观测在消力池下游左岸 1 214.00 m 处开挖平台附近水体为回流，回流流速为 0.4 ~ 0.6 m/s。

正常蓄水位 1 229.50 m 时下游流速分布见图 5-81，水库流态见图 5-82。结果表明，当调蓄水库水位为 1 229.50 m 时，调蓄水库中水流流态较修改前变化不大。实测消力池内底部最大流速为 0.75 m/s，表面最大流速为 4.79 m/s。

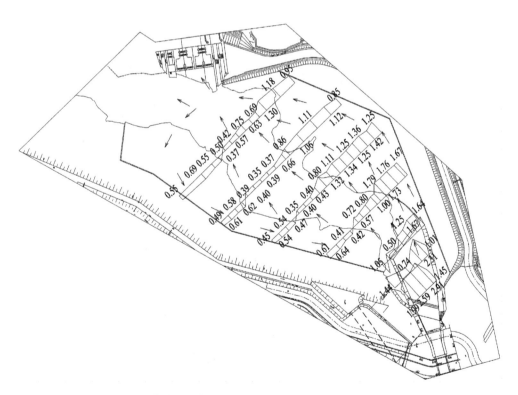

图 5-79　调蓄水库流态及流速分布(H = 1 216.00 m)　　（单位:m/s）

图 5-80　调蓄水库流态($H = 1\,216.00$ m)

图 5-81　调蓄水库流态及流速分布($H = 1\,229.50$ m)　（单位：m/s）

图 5-82　调蓄水库流态($H = 1\ 229.50$ m)

5.9　结论与建议

5.9.1　调蓄水库原设计方案

（1）输水隧洞不同引水流量时,水流在闸室墩头产生水冠,水冠顶距底板最大高度为 7.0 m。

（2）库水位为 1 216.00 m 时,不同引水流量,输水隧洞出口出流形式为跌水,水舌砸到原始地形后,部分水舌直冲右岸山体,边坡处流速达到 6.07 m/s。

（3）库水位为 1 229.50 m 时,不同引水流量,输水隧洞出口为淹没出流,右岸边坡处最大流速为 1.16 m/s。

（4）受隧洞弯道影响,隧洞出口两孔闸室内流速分布不均匀,右孔平均流速均大于左孔,至护坦末端,流速调整基本均匀。

（5）引水流量为 72.7 m^3/s,水库水位为 1 216.00 m,出口段水面线为降水曲线,洞内最大水深为 3.62 m。水库水位为 1 229.50 m,受洞出口淹没影响,洞出口段产生壅水,洞出口段水深较自由出流时明显增大,最大水深为 5.56 m。

(6)引水流量为 222 m³/s,水库水位为 1 216.00 m,出口段水面线为降水曲线,洞内最大水深为 6.61 m。水库水位 1 229.50 m 时,洞出口为淹没出流,闸室段水深增大,但洞内水深与自由出流时变化不大。

(7)电站单管四机运行,低水位时,电站进口水面有局部漩涡,漩涡上下不贯通。在库水位 1 229.50 m 时电站进口处水流平稳,无漩涡出现。单管单机运行时,由于引水流量较小,进口处水流平顺,低水位和高水位时均未出现漩涡,流态良好。

(8)单管单机和单管四机运行时,不同部位压力分布正常,压力值较大。

(9)仅靠放空洞运行排沙,其拉沙范围有限,仅能够将与其相邻的一孔电站进口前的泥沙排出。

(10)水库建成后,主流偏右侧,泥沙多跟随主流在电站进口上游 350 m 以内主河槽和右岸开挖平台范围内落淤,左岸为弱回流区,落淤较少。

5.9.2 输水隧洞下游开挖消力塘方案

(1)引水流量为 222 m³/s,下游库水位为 1 216.00 m 时,水流出消力塘后,调蓄水库河槽内各断面流速分布相对均匀;当库水位升至 1 217.00 m 时,在开挖 1 216.00 m 平台上形成二次水跃,水跃头部位置距尾坎约 12 m;当库水位为 1 229.50 m 时,主流不再冲击右岸山体,水库内流态得到改善。

(2)引水流量为 222 m³/s,三个工况下消力塘底板上最大压力分别为 9.77 mH₂O、7.29 mH₂O 和 21.73 mH₂O。

5.9.3 输水隧洞出口体形优化方案一

(1)输水隧洞出口闸室段由两孔改为一孔后,闸室流态平顺。

(2)消力塘加深加长后,消力塘消能充分,水流均匀平顺地进入下游河道,水库内各断面流速分布均匀,电站进水口流态平顺,没有出现串通性漏斗漩涡。

(3)引水流量为 72.7 m³/s,水库水位为 1 216.00 m,洞出口为自由跌水,出口段水面线为降水曲线。水库水位为 1 229.50 m,受洞出口淹没影响,洞出口段水深较自由出流时明显增大。

(4)引水流量为 222 m³/s,水库水位为 1 216.00 m,洞出口为自由跌水,出口段水面线为降水曲线。水库水位为 1 229.50 m,洞出口为淹没出流,闸室段水深增大,但洞内水深与自由出流时变化不大。

(5)将输水隧洞出口护坦段右侧边墙扩散角减小为零,水流出洞后主流摆向水库中部,水库流态得到改善,建议设计采用。

(6)试验还观测到,引水流量为 222 m³/s,当水库水位高于正常蓄水位 1 229.50 m 时,隧洞出口段将会产生壅水,洞内水深大于设计正常水深,不满足洞顶余幅设计要求。因此,输水隧洞出口底板最低高程不能低于 1 224.00 m。

(7)消力塘底板上压力随着调蓄水库水位的升高而增大,底板压力与水深接近。

(8)输水隧洞闸门关闭时,闸门接触到水面后洞内产生水击波,闸门关闭约 1.6 min

(原型时间)水击波传播至距洞出口 300 m 处。闸门在关闭过程中隧洞中存在明满流过渡流态,设计调度运用时应注意这种不利流态。

(9)输水隧洞出口闸门开启过程中,水舌挑距较远,水库水面有较大波动,设计应加以注意。

5.9.4　输水隧洞出口体优化方案二

调蓄水库输水隧洞出口下游消力池优化体形方案二与方案一相比,消力池局部修改后,虽然在高水位时流态变化不大,但水库死水位附近水流流态得到改善,建议设计采用。

第 6 章　CCS 水电站 7[#] 沉沙池单体模型试验

6.1　项目概况

　　根据沉沙池原设计方案试验研究,设计对沉沙池进行了修改优化,沉沙池由原来的 6 条增加为 7 条,从左至右编号为 1[#]~7[#],沉沙池取水口进口前缘总长度 76.40 m,共设 14 个进水孔,单孔过流尺寸 3.1 m×3.3 m(宽×高)。取水口进口底板高程 1 270.00 m。

　　沉沙池为连续冲洗式沉沙池,沉沙池工作流量 222 m³/s。沉沙池与取水口之间流道段底板高程 1 272.50 m,在沉沙池进口渐变段设置三道整流栅,栅间距 3 m,三道整流栅与底板均留 0.6 m 空隙,栅条采用角钢,第一道整流栅角钢采用 L60×60×6,栅条净间距 120 mm;第二道整流栅角钢 L50×50×5,栅条净间距 70 mm;第三道整流栅角钢 L40×40×4,栅条净间距 40 mm。沉沙池单池室净宽 13 m,上部竖直部分深 8.2 m,下部梯形部分深 5.0 m,池底高程 1 263.80 m,沉沙池底部排沙廊道为平坡,工作段总长度 153.0 m,有效工作长度 150.0 m。在每条沉沙池箱体底部设置 6 段长度为 25 m 排沙孔段,每段铺设 48 个尺寸为 0.19 m×0.2 m 的孔口,每条沉沙池下部设置一条排沙廊道,廊道宽 1.6 m、高 2.0 m。沉沙池后接静水池,沉沙池出来的水流在静水池消能后进入输水隧洞。沉沙池出口、静水池及输水隧洞进口段布置图,沉沙池平面图、剖面图,分别见图 6-1~图 6-4。

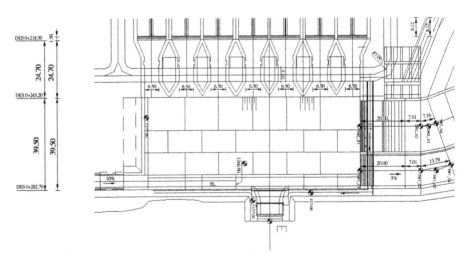

图 6-1　沉沙池出口、静水池及输水隧洞进口段布置图

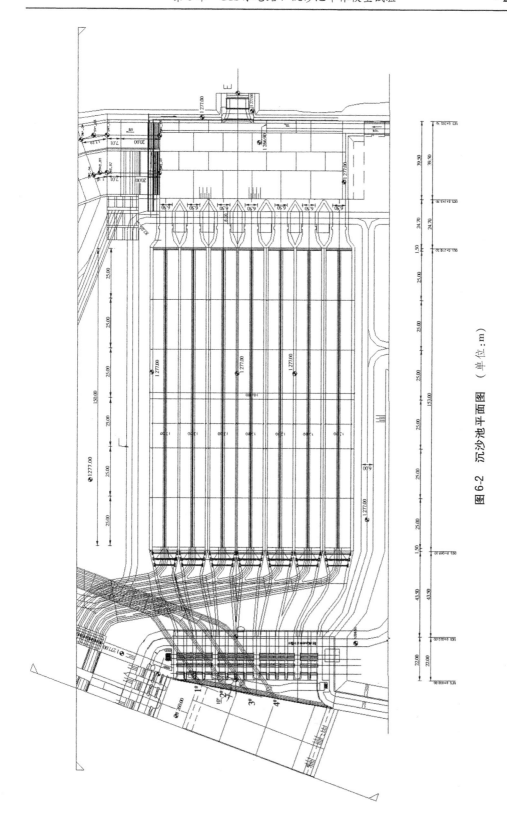

图 6-2　沉沙池平面图　（单位：m）

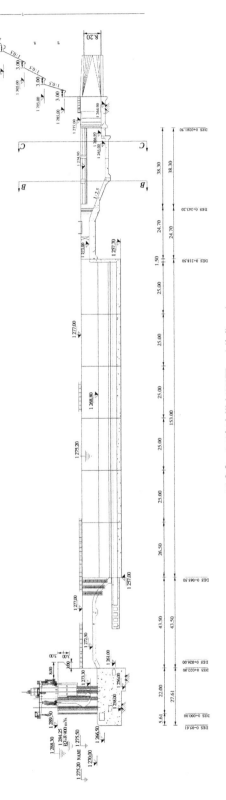

图 6-3　沉沙池纵剖面图　（单位：m）

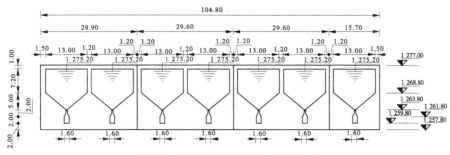

图 6-4　沉沙池横剖面图　（单位:m）

6.2　试验目的和任务

根据工程设计需要及整体模型试验的相关成果,选择最不利的 7#（新增）沉沙池,根据沉沙池布置条件,开展沉沙池清水条件下的水力学试验及冲沙试验。

清水条件下的水力学试验目的是研究不同运用水位条件下进口、出口和沉沙池体内的水流流态及流速分布,验证沉沙池体形设计的合理性。

冲沙试验的目的是验证沉沙池在淤积厚度 1.5~3.0 m 条件下,沉沙池冲沙孔的冲沙效果和有压排沙廊道的排沙效果。

具体试验任务如下:

(1)测量引水闸闸前水位 1 275.50 m 时沉沙池引水流量。

(2)观测引水闸闸前高水位引水闸局部开启时,沉沙池进出口段、沉沙池池身段的流态、水面线、流速分布。

(3)观测引水闸闸前水位 1 275.50 m,沉沙池淤积厚度为 1.5 m 和 3.0 m 时,沉沙池进出口段、沉沙池池身段的流态、水面线、流速分布。

(4)测量引水闸闸前水位 1 275.50 m,沉沙池第 1 段和第 6 段冲沙系统的冲沙流量。

(5)观测引水闸闸前水位 1 275.50 m,沉沙池淤积厚度分别为 1.5 m 和 3.0 m,排沙廊道出口水位分别为 1 261.00 m、1 265.78 m、1 266.33 m 时,沉沙池的冲沙效果和排沙廊道的排沙效果。

6.3　模型设计

6.3.1　模型相似条件

沉沙池在运行期间,泥沙以悬移运动为主,模型设计除满足水流运动相似外,还应满足泥沙运动相似,即满足泥沙沉降和泥沙输移相似。根据试验任务和要求,模型采用正态。

(1)水流运动相似。

重力相似条件:　　　　　　　　　　$\lambda_v = \lambda_L^{1/2}$

阻力相似:　　　　　　　　　　　　$\lambda_n = \lambda_L^{1/6}$

水流连续性相似：
$$\lambda_{t_1} = \lambda_L / \lambda_v = \lambda_L^{1/2}$$
$$\lambda_Q = \lambda_v \lambda_L^2 = \lambda_L^{5/2}$$

（2）悬移质运动相似。

泥沙悬移和沉降相似条件,是根据紊流扩散理论所得到的挟沙水流运动基本方程导出的,对于正态模型,沉速 ω 和流速之间的比尺关系为

$$\lambda_\omega = \lambda_v$$

窦国仁根据沉速关系式 $\omega = \sqrt{\dfrac{4}{3C_d} \dfrac{\gamma_s - \gamma}{\gamma} g d}$ [C_d 为颗粒沉降阻力系数, $C_d = \dfrac{\alpha}{\omega \left(\dfrac{\omega d}{\nu} \right)^\beta}$,

式中 β 随颗粒雷诺数的变化而改变]推导出泥沙粒径比尺关系为

$$\lambda_d = \frac{\lambda_v^{\frac{\beta}{1+\beta}} \lambda_\omega^{\frac{2-\beta}{1+\beta}}}{\lambda_{\frac{\gamma_s - \gamma}{\gamma}}^{\frac{1}{1+\beta}}}$$

上式中,对于细颗粒泥沙($d < 0.1$ mm) , $\beta = 1$;对于粗颗粒泥沙($d > 2$ mm) , $\beta = 0$ 。

对于冲积性河流,要求模型与原型的输沙能力相似,即水流挟沙力相似、悬移质的输沙能力相似要求含沙量比尺 λ_s 与挟沙力比尺 λ_{s*} 关系为

$$\lambda_s = \lambda_{s*}$$

对于含沙量比尺或挟沙力比尺,一种方法是根据挟沙力公式确定,另一种方法是借助于预备试验确定。

水流挟沙力的公式很多,窦国仁根据维利卡诺夫挟沙力公式和假定,推导出含沙量比尺公式为

$$\lambda_s = \frac{\lambda_{\gamma_s}}{\lambda_{\frac{\gamma_s - \gamma}{\gamma}}}$$

以上各式中: λ_L 为水平比尺; λ_v 为流速比尺; λ_Q 为流量比尺; λ_n 为糙率比尺; λ_{t_1} 为水流运动时间比尺; λ_ω 为沉速比尺; λ_d 为粒径比尺; λ_s 为含沙量比尺; λ_{s*} 为挟沙力比尺。

6.3.2　模型比尺的确定及模型沙的选择

根据工程规模和试验任务要求,模型几何比尺选取 1:20。

悬移质模型沙要根据悬移质泥沙运动相似准则进行选择。对于正态模型,悬移质运动的模拟极为困难。由于本模型主要研究沉沙池的泥沙淤积问题,为了探求适用的模型沙,我们广泛调研收集了有关模型沙的基本特性资料。通过综合分析研究,认为郑州热电厂粉煤灰的物理化学性能较为稳定,悬浮特性好,同时具备造价低、宜选配加工等优点。该模型沙在小浪底枢纽电站防沙、小浪底水库库区、三门峡水库库区以及黄河小北干流连伯滩放淤等泥沙模型中采用过,并取得了成功的经验。

郑州热电厂粉煤灰容重为 2.1 t/m³,干容重为 0.78 t/m³,由此可得容重比尺 $\lambda_{\gamma_s} =$ 2.7/2.1 = 1.29,干容重比尺 $\lambda_{\gamma_s'} = 1.3/0.78 = 1.67$,相对容重比尺 $\lambda_{\frac{\gamma_s - \gamma}{\gamma}} = 1.55$,按原型水温 30 ℃、实验室水温 10 ℃,得 $\lambda_\nu = 0.68$ 。按照委托任务要求,沉沙池入池泥沙选用设计部门提供的泥沙极配,泥沙中值粒径 $d_{50} = 0.45$ mm,如图 6-5 所示。根据泥沙悬移和沉降

相似条件,求得泥沙粒径比尺,$\lambda_d = 2.88$,经比较和选配,采用模型沙中值粒径 $d_{50} = 0.156$ mm,最终模型采用的模型沙级配换算为原型数据后的曲线,如图 6-5 所示,图中模型沙级配与设计的入池泥沙级配曲线基本吻合。由挟沙力公式和假定求得含沙量比尺 $\lambda_s = 0.83$。根据模型相似条件计算模型主要比尺,见表 6-1。

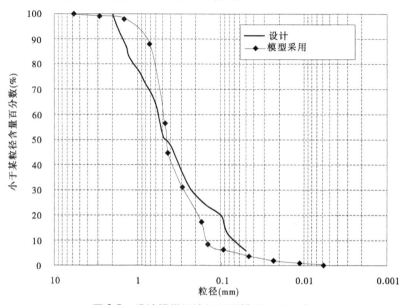

图 6-5　设计提供泥沙级配及模型采用泥沙级配

表 6-1　模型比尺汇总

相似条件	比尺名称	比尺	依据	说明
几何相似	水平比尺 λ_L	20	试验任务要求	
	垂直比尺 λ_H	20		
水流运动相似	流速比尺 λ_v	4.47	$\lambda_v = \lambda_L^{1/2}$	
	流量比尺 λ_Q	1 789	$\lambda_Q = \lambda_L^{5/2}$	
	水流运动时间比尺 λ_{t_1}	4.47	$\lambda_{t_1} = \lambda_L^{1/2}$	
	糙率比尺 λ_n	1.65	$\lambda_n = \lambda_L^{1/6}$	
悬移质运动相似	容重比尺 λ_{γ_s}	1.29	模型悬沙为粉煤灰	$\gamma_{sm} = 2.1 \ t/m^3$
	相对容重比尺 $\lambda_{\frac{\gamma_s - \gamma}{\gamma}}$	1.55		
	干容重比尺 $\lambda_{\gamma_s'}$	1.69		$\gamma_{sm}' = 0.78 \ t/m^3$
	沉速比尺 λ_ω	4.47		
	粒径比尺 λ_d	2.88		
	含沙量比尺 λ_s	0.83	$\lambda_s = \dfrac{\lambda_{\gamma_s}}{\lambda_{\frac{\gamma_s - \gamma}{\gamma}}}$	

6.3.3　模型范围及模型制作

新增 7# 沉沙池模型,模拟了包括取水口、沉沙池、沉沙池与输水隧洞衔接段的部分静水池,总长度约 300 m、宽 150 m,模型范围:14.9 m×7.5 m。模型布置见图 6-6 和图 6-7。

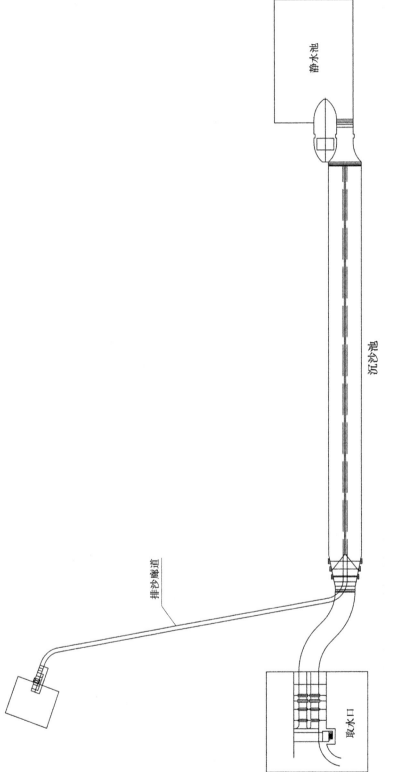

图 6-6 沉沙池模型布置图

沉沙池采用有机玻璃制作,有机玻璃糙率为 0.008 ~ 0.009,换算至原型糙率为 0.013 ~ 0.015,满足模型阻力相似要求。

图 6-7　沉沙池模型整体布置

模型进口流量用电磁流量计控制,排沙廊道流量采用矩形量水堰测量,排沙廊道水流含沙量采用比重瓶法量测,模型沙级配测量采用激光颗分仪,库水位用测针测量。流速采用 Ls - 401 型直读式流速仪(微型螺旋桨流速仪)测读。

6.4　沉沙池正常引水试验

6.4.1　沉沙池取水口引水流量

引水闸闸前水位 1 275.50 m,沉沙池的出口静水池水位 1 274.73 m(引水流量 222 m³/s,7 条沉沙池运行时的静水池水位),在排沙廊道闸门关闭条件下,试验测量出新增的 7# 沉沙池引水流量为 33.6 m³/s。

6.4.2　沉沙池流态、水面线与流速分布

6.4.2.1　流态

引水闸闸前水位 1 275.50 m,静水池水位 1 274.73 m,沉沙池水流流态如图 6-8 ~ 图 6-11 所示。试验表明,在此水流条件下,水流出引水闸后,在第 1 道栅前水位壅高,第 1 道栅前后水面产生明显落差,经过三道整流栅后,沉沙池水流表面比较平稳。

图 6-8　进口段水流流态

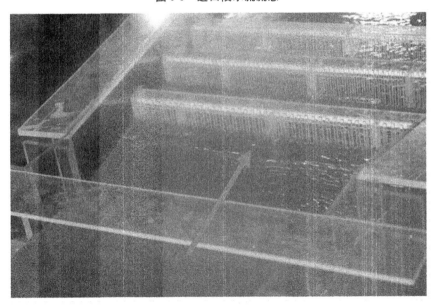

图 6-9　整流栅前后水流流态

6.4.2.2　沿程水面线

试验观测了沉沙池的正常引水条件下,即闸前水位 1 275.50 m,沉沙池的出口段水位 1 274.73 m,沉沙池的进口连接段、池身段及出口段的沿程水面高程。

过引水闸后,水流在弯道段水面沿程略有降低,至第 1 道整流栅前水位壅高,第 1 道栅前后水面产生明显落差。经过三道整流栅后,沉沙池工作段水面高程接近设计水面高程 1 275.20 m。

图 6-10　池身段水流流态

图 6-11　出口段水流流态

6.4.2.3　流速分布

试验测量了沉沙池沿程的 8 个断面的流速分布,包括进口连接段 2 个断面(桩号 0 - 022.54、0 - 014.00)、池身段 5 个断面(桩号 0 + 002.00、0 + 020.00、0 + 060.00、0 + 100.00、0 + 140.00)及出口段 1 个断面(桩号 0 + 163.83),如图 6-12 所示。

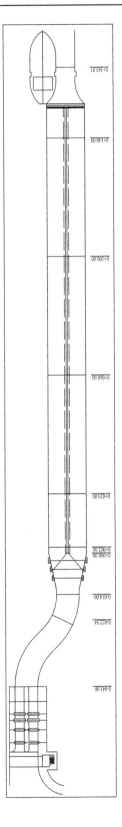

图 6-12　流速测量断面布置

进口连接段 2 个断面流速分布如图 6-13 所示,受弯道离心力影响,在桩号 0 - 022.54 和 0 - 014.00 断面流速分布均为左侧流速大、右侧流速小,试验测量 2 个断面中,最大流速为 1.84 m/s,最小流速为 1.07 m/s。

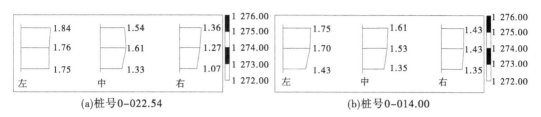

(a)桩号0-022.54   (b)桩号0-014.00

图 6-13 进口连接段流速分布 (单位:流速,m/s;高程,m)

池身段 5 个断面流速分布如图 6-14 所示,由于沉沙池的进口段整流栅与底板之间有 0.6 m 的空隙,进口段底坡较陡(底坡坡度为 1∶1.25),导致沉沙池上段各断面流速分布不均匀,在沉沙池前 100 m 断面流速分布均为底部大、表面小,局部底部流速达到 1.0 m/s,不利于沉沙池沉沙。

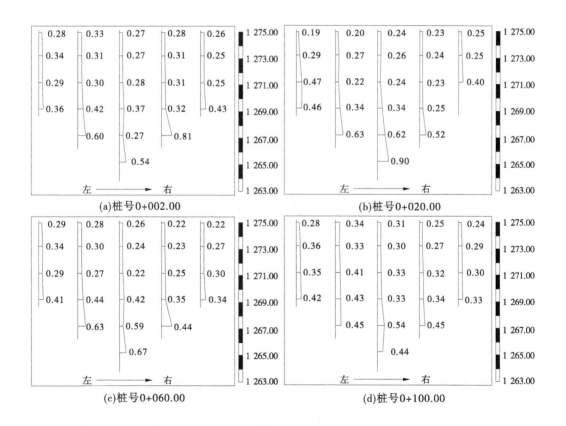

(a)桩号0+002.00   (b)桩号0+020.00

(c)桩号0+060.00   (d)桩号0+100.00

图 6-14 沉沙池池身段流速分布 (单位:流速,m/s;高程,m)

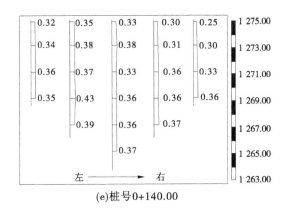

(e)桩号0+140.00

续图 6-14

试验测量沉沙池的出口控制断面流速分布如图 6-15 所示,该断面流速分布较均匀,断面流速为 3.11 ~ 3.52 m/s。

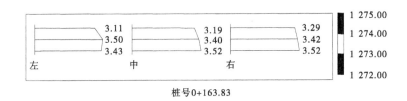

桩号0+163.83

图 6-15　沉沙池出口控制断面流速分布　　(单位:流速,m/s;高程,m)

6.5　沉沙池的高水位控制运用试验

试验分别观测了引水闸闸前水位 1 277.00 m、1 278.00 m、1 279.00 m、1 280.00 m,静水池水位按 1 274.73 m 控制,引水闸引水流量 33.6 m³/s,引水闸闸门局部开启时,沉沙池的进口段、池身段及出口段流态、沿程水面线与闸门开度及流速分布。

6.5.1　流态

引水闸高水位控制运用时,在沉沙池的进口段水流翻滚,水面波动较大,随着上游水位升高、水面波动增大,1 280.00 m 水位时,水面上下波动约 0.66 m。进口段和整流栅的附近流态如图 6-16 ~ 图 6-23 所示。

另外,受弯道离心力影响,流道各断面左右侧水面高程差别较大,最大差值为 1.55 m。在沉沙池工作段,经过三道整流栅之后,水流趋于平稳,但与正常运用时流态相比,沉沙池工作段水面波动也有所增加,最高水位时水面波动约 0.1 m。

图 6-16　$H = 1\ 277.00$ m 进口段水流流态

图 6-17　$H = 1\ 277.00$ m 整流栅附近水流流态

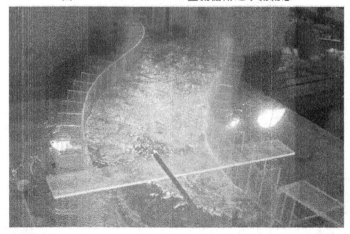

图 6-18　$H = 1\ 278.00$ m 进口段水流流态

图 6-19　$H = 1\ 278.00$ m 整流栅附近水流流态

图 6-20　$H = 1\ 279.00$ m 进口段水流流态

图 6-21　$H = 1\ 279.00$ m 整流栅附近水流流态

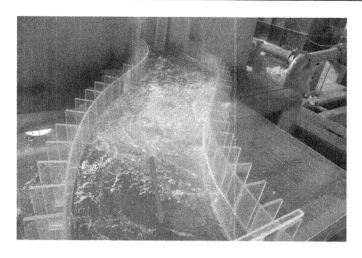

图 6-22　$H = 1\ 280.00$ m 进口段水流流态

图 6-23　$H = 1\ 280.00$ m 整流栅附近水流流态

6.5.2　沿程水面线

试验观测了引水闸闸前水位 1 277.00 m、1 278.00 m、1 279.00 m、1 280.00 m 控制运用时沉沙池的进口段、池身段及出口段的沿程水面线,见图 6-24。

试验观测到,高水位运用时,沉沙池工作段水面高程与设计值 2 175.20 m 接近。

6.5.3　闸门开度及流速分布

引水闸引水流量 33.6 m³/s、静水池水位 1 274.73 m 试验条件下,观测了 1 277.00 m、1 278.00 m、1 279.00 m 及 1 280.00 m 等高水位运用时引水闸闸门开度。试验结果见表 6-2。

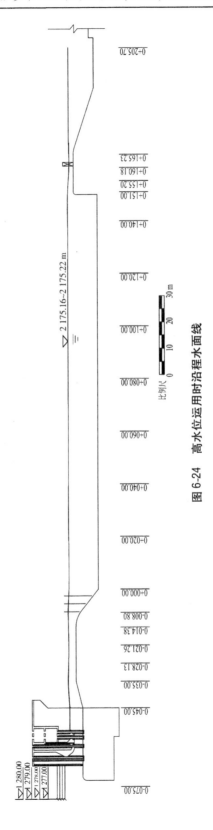

图 6-24　高水位运用时沿程水面线

表 6-2　上游水位与闸门开度对照

水位(m)	1 277.00	1 278.00	1 279.00	1 280.00
闸门开度(m)	1.29	1.05	0.9	0.81

引水闸闸前水位 1 277.00 m,静水池水位按 1 274.73 m,引水流量 33.6 m³/s,引水口闸门开度为 1.29 m,各断面垂线流速分布如图 6-25 ~ 图 6-28 所示。

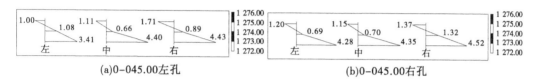

(a)0-045.00左孔　　　　　　　　　　(b)0-045.00右孔

图 6-25　引水闸闸前水位 1 277.00 m 引水闸闸室出口段流速分布　(单位:流速,m/s;高程,m)

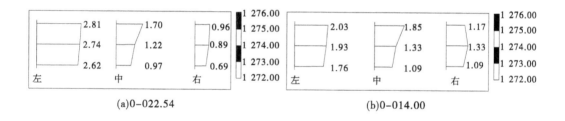

(a)0-022.54　　　　　　　　　　　(b)0-014.00

图 6-26　引水闸闸前水位 1 277.00 m 进口连接段流速分布　(单位:流速,m/s;高程,m)

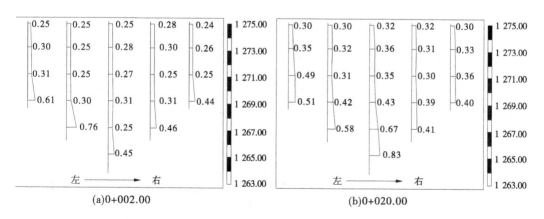

(a)0+002.00　　　　　　　　　　　(b)0+020.00

图 6-27　引水闸闸前水位 1 277.00 m 沉沙池池身段流速分布　(单位:流速,m/s;高程,m)

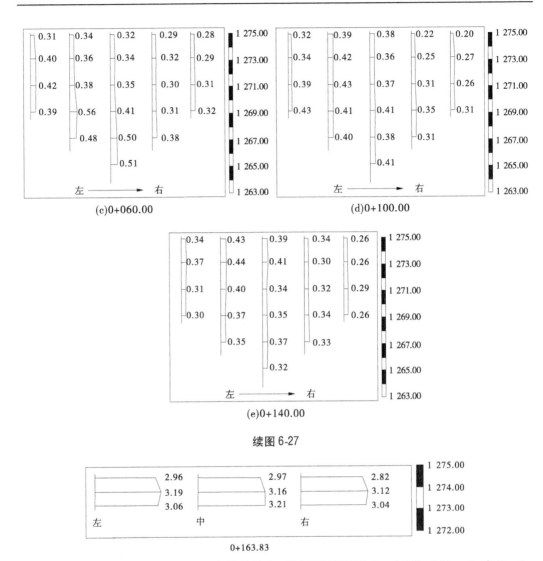

图 6-28　引水闸闸前水位 1 277.00 m 沉沙池的出口控制断面流速分布　（单位：流速，m/s；高程，m）

引水闸闸前水位 1 278.00 m，静水池水位按 1 274.73 m，引水流量 33.6 m³/s，引水口闸门开度为 1.05 m，各断面垂线流速分布如图 6-29 ~ 图 6-32 所示。

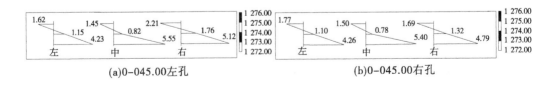

图 6-29　引水闸闸前水位 1 278.00 m 引水闸闸室出口段流速分布　（单位：流速，m/s；高程，m）

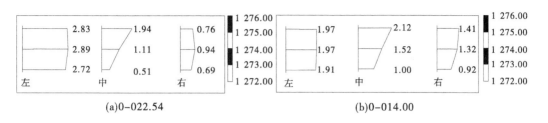

图 6-30　引水闸闸前水位 1 278.00 m 进口连接段流速分布　（单位：流速，m/s；高程，m）

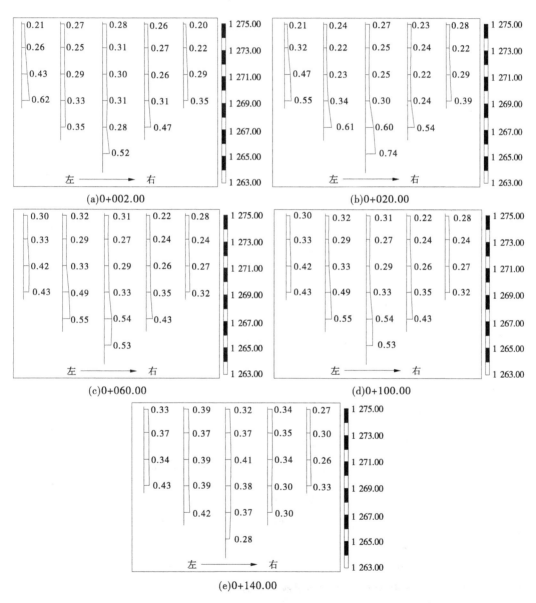

图 6-31　引水闸闸前水位 1 278.00 m 沉沙池池身段流速分布　（单位：流速，m/s；高程，m）

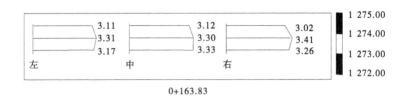

0+163.83

图 6-32 引水闸闸前水位 1 278.00 m 沉沙池的出口控制断面流速分布 （单位：流速，m/s；高程，m）

引水闸闸前水位 1 279.00 m，静水池水位按 1 274.73 m，引水流量 33.6 m³/s，引水口闸门开度为 0.9 m，各断面垂线流速分布如图 6-33 ~ 图 6-36 所示。

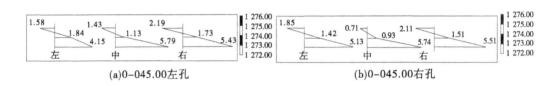

(a)0−045.00左孔　　　　　　　　　　　　　　(b)0−045.00右孔

图 6-33 引水闸闸前水位 1 279.00 m 引水闸闸室出口段流速分布 （单位：流速，m/s；高程，m）

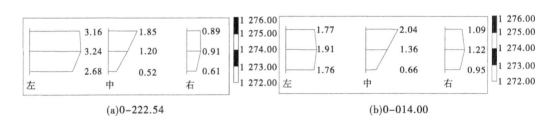

(a)0−222.54　　　　　　　　　　　　　　　(b)0−014.00

图 6-34 引水闸闸前水位 1 279.00 m 进口连接段流速分布 （单位：流速，m/s；高程，m）

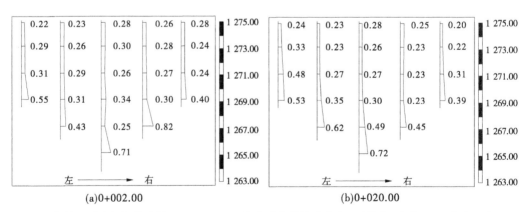

(a)0+002.00　　　　　　　　　　　　　　　(b)0+020.00

图 6-35 引水闸闸前水位 1 279.00 m 沉沙池池身段流速分布 （单位：流速，m/s；高程，m）

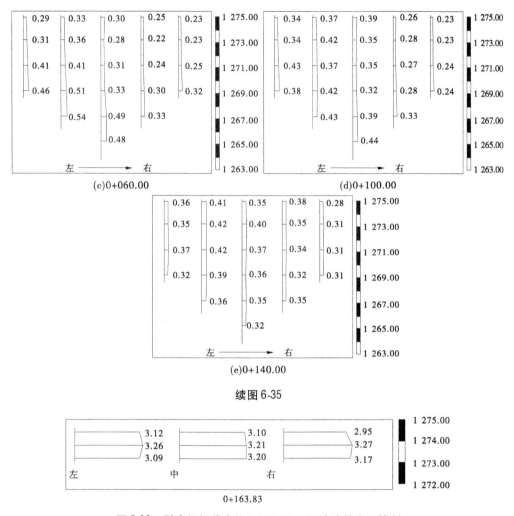

(c)0+060.00

(d)0+100.00

(e)0+140.00

续图 6-35

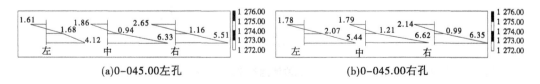

0+163.83

图 6-36　引水闸闸前水位 1 279.00 m 沉沙池的出口控制断面流速分布　（单位:流速,m/s;高程,m）

引水闸闸前水位 1 280.00 m,静水池水位按 1 274.73 m,引水流量 33.6 m³/s,引水口闸门开度为 0.81 m,各断面垂线流速分布如图 6-37~图 6-40 所示。

由图 6-37~图 6-40 可以看到,沉沙池在高水位运用时,引水闸闸室出口段流速分布均为底部大,底部最大流速随着库水位的升高而增大,库水位 1 280.00 m 时,底部最大流速为 6.62 m/s。

(a)0-045.00左孔

(b)0-045.00右孔

图 6-37　引水闸闸前水位 1 280.00 m 引水闸闸室出口段流速分布　（单位:流速,m/s;高程,m）

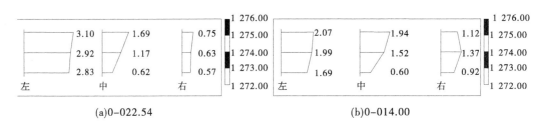

图 6-38 引水闸闸前水位 1 280.00 m 进口连接段流速分布 （单位：流速，m/s；高程，m）

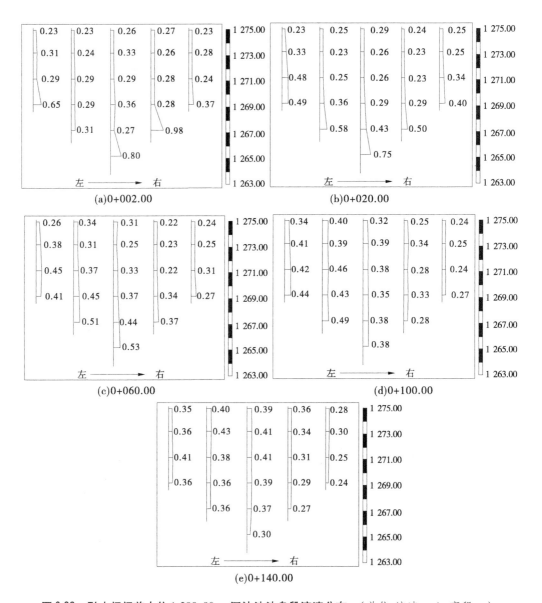

图 6-39 引水闸闸前水位 1 280.00 m 沉沙池池身段流速分布 （单位：流速，m/s；高程，m）

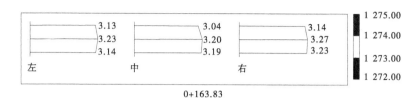

图 6-40　引水闸闸前水位 1 280.00 m 沉沙池的出口控制
断面流速分布　（单位:流速,m/s;高程,m）

沉沙池的进口段桩号 0 - 022.54 和 0 - 014.00 断面流速分布均为左侧大于右侧,水位越高,左右流速偏差亦相应增大。

沉沙池池身的各断面流速分布规律与正常运用水位时一致,沉沙池上游段各断面流速分布不均匀,在沉沙池前 100 m 断面流速分布均为底部大、表面小,影响沉沙池的沉沙效果。由于水面波动增大,表面流速略有增大。

6.6　排沙廊道冲沙清水试验

6.6.1　排沙廊道冲沙流量

引水闸闸前水位 1 275.50 m,沉沙池出口静水池水位 1 274.73 m,排沙廊道出口水位分别为 1 261.00 m、1 265.78 m、1 266.33 m 试验条件下,试验测量了沉沙池第 1 组和第 6 组冲沙孔的冲沙流量,结果见表 6-3。

表 6-3　排沙孔冲沙流量成果

引水闸上游水位 （m）	沉沙池出口 静水池水位(m)	廊道出口水位 （m）	第 1 组冲沙孔冲沙 流量（m³/s）	第 6 组冲沙孔冲沙 流量（m³/s）
1 275.50	1 274.73	1 261.00	19.27	15.46
1 275.50	1 274.73	1 265.78	15.41	12.32
1 275.50	1 274.73	1 266.33	15.1	11.87

从表 6-3 中可以看出,当廊道出口低水位 1 261.00 m 时,沉沙池 6 组冲沙孔中,第 1 组冲沙孔冲沙流量大于第 6 组冲沙孔冲沙流量。第 1 组冲沙系统冲沙流量为 19.27 m³/s,第 6 组冲沙系统冲沙流量为 15.46 m³/s,其他组介于二者之间。

当廊道出口水位为最高水位 1 266.33 m,沉沙池 6 组冲沙系统中,同样第 1 组冲沙孔冲沙流量最大,第 6 组冲沙孔冲沙流量最小,其他组介于二者之间。

随着廊道出口水位的升高,同组冲沙孔冲沙流量相应减小。

试验表明,相同引水条件下,廊道出口低水位时,更有利于冲沙运行。各组冲沙孔比较,第6组冲沙孔冲沙效果最差。

6.6.2 冲沙孔冲沙时水面线

6.6.2.1 第1组冲沙孔开启时水面线

在引水闸闸前水位 1 275.50 m,沉沙池出口静水池水位 1 274.73 m 条件下,分别按照枢纽下游 3 种水位情况下,即排沙廊道出口水位 1 261.00 m、1 265.78 m、1 266.33 m 时,进行沉沙池第1组冲沙孔冲沙试验,测得沉沙池水面高程如表 6-4 所示。

表 6-4　开启第1组冲沙孔沉沙池沿程水面高程

测点桩号	位置	水面高程(m)		
		排沙廊道出口水位 1 261.00 m	排沙廊道出口水位 1 265.78 m	排沙廊道出口水位 1 266.33 m
0 − 045.00	流道	1 275.39	1 275.38	1 275.39
0 − 035.00		1 275.32	1 275.37	1 275.39
0 − 028.13		1 275.30	1 275.37	1 275.37
0 − 021.26		1 275.25	1 275.32	1 275.35
0 − 014.38		1 275.24	1 275.31	1 275.33
0 + 000.00	沉沙池	1 274.90	1 274.98	1 274.99
0 + 020.00		1 274.93	1 275.01	1 275.02
0 + 040.00		1 274.92	1274.99	1 275.00
0 + 060.00		1 274.90	1 274.98	1 275.00
0 + 080.00		1 274.90	1 274.98	1 274.98
0 + 100.00		1 274.92	1 275.00	1 275.00
0 + 120.00		1 274.94	1 275.02	1 275.02
0 + 140.00		1 274.92	1 275.00	1 275.00
0 + 151.00	溢流堰上	1 274.89	1 274.97	1 274.98
0 + 155.20		1 274.76	1 274.80	1 274.80
0 + 160.18		1 274.68	1 274.70	1 274.68
0 + 165.23		1 274.67	1 274.70	1 274.69

试验看出,相同引水位条件下,由于冲沙孔的运用分流作用,与冲沙孔不运用相比,沉沙池水面有所降低。

6.6.2.2 第6组冲沙孔开启时水面线

引水闸闸前水位 1 275.50 m,沉沙池出口静水池水位 1 274.73 m 条件下,排沙廊道出口水位分别为 1 261.00 m、1 265.78 m、1 266.33 m 时,试验测量了沉沙池第6组冲沙孔冲沙,沉沙池沿程水面高程如表 6-5 所示。

试验看出,第6组冲沙孔运用水面线,相同引水位条件下,由于冲沙孔运用分流作用,与冲沙孔不运用相比,沉沙池水面有所降低。

表 6-5　开启第 6 组冲沙孔沉沙池沿程水面高程

测点桩号	位置	水面高程(m)		
		排沙廊道出口水位 1 261.00 m	排沙廊道出口水位 1 265.78 m	排沙廊道出口水位 1 266.33 m
0 - 045.00	流道	1 275.37	1 275.37	1 275.39
0 - 035.00		1 275.37	1 275.43	1 275.40
0 - 028.13		1 275.34	1 275.36	1 275.38
0 - 021.26		1 275.30	1 275.32	1 275.35
0 - 014.38		1 275.30	1 275.31	1 275.34
0 + 000.00	沉沙池	1 274.97	1 274.97	1 275.03
0 + 020.00		1 275.00	1 275.02	1 275.05
0 + 040.00		1 274.97	1275.00	1275.04
0 + 060.00		1 274.97	1 275.00	1 275.04
0 + 080.00		1 274.96	1 274.99	1 275.03
0 + 100.00		1 274.98	1 275.01	1 275.04
0 + 120.00		1 275.01	1 275.03	1 275.06
0 + 140.00		1 275.00	1 275.02	1 275.05
0 + 151.00	溢流 堰上	1 274.97	1 274.99	1 275.02
0 + 155.20		1 274.78	1 274.79	1 274.82
0 + 160.18		1 274.68	1 274.63	1 274.70
0 + 165.23		1 274.66	1 274.64	1 274.68

6.7　排沙廊道冲沙试验

　　试验首先测量了引水闸闸前水位 1 275.50 m,沉沙池出口静水池水位 1 274.73 m,沉沙池淤沙厚度 1.5 m 和 3 m,廊道排沙前沉沙池沿程水面线及流速分布,然后开展冲沙试验。沉沙池冲沙试验选择了冲沙流量最小、排沙廊道出口水位最高、最不利工况。

　　沉沙池淤沙采用铺设方式模拟。根据模型沙特性,按干密度相似控制,铺设后缓慢加入足够深度的清水浸没 24 h 左右,完全饱和后,开始进行排沙廊道冲沙试验。淤积泥沙铺设横剖面示意图见图 6-41。

6.7.1　沉沙池 1.5 m 淤沙厚度时水面线与流速分布

　　试验测量了引水闸闸前水位 1 275.50 m,沉沙池出口静水池水位 1 274.73 m,沉沙池淤沙厚度 1.5m,廊道排沙前沉沙池沿程水面线如图 6-42 所示,沉沙池断面流速分布如图 6-43 所示。可以看出,水面线比较平顺,流速分布正常。

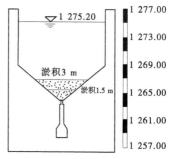

图 6-41　淤积泥沙铺设
横剖面示意图　(单位:m)

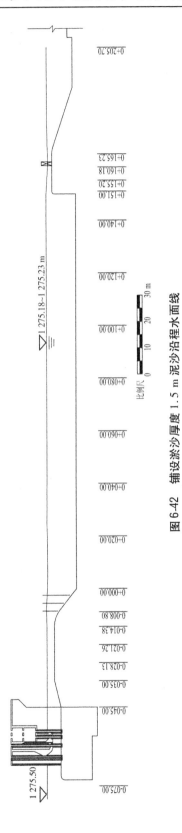

图 6-42　铺设淤沙厚度 1.5 m 泥沙沿程水面线

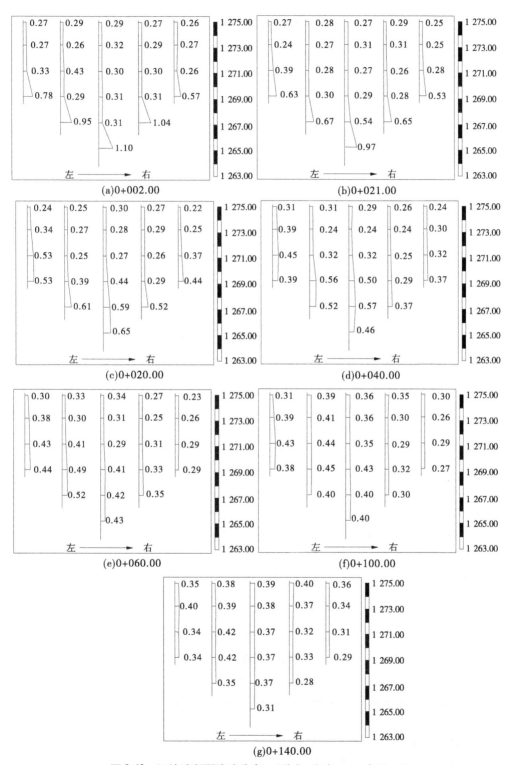

图 6-43　沉沙池断面流速分布　（单位：流速，m/s；高程，m）

6.7.2　沉沙池 1.5 m 淤沙厚度冲沙试验

当廊道出口水位为最高水位 1 266.33 m, 冲沙流量最小的第 6 组冲沙孔冲沙运用时, 是冲沙孔廊道排沙系统最不利的运用工况。该工况如果满足排沙要求, 则可以表明冲沙孔廊道排沙系统能满足排沙设计要求。

在库水位 1 275.50 m、静水池水位 1 274.73 m 的正常引水条件下, 按 1 266.33 m 控制廊道出口水位, 沉沙池 1.5 m 泥沙厚度, 试验测量了第 6 组冲沙孔冲沙排沙过程。图 6-44 为排沙廊道排沙时出口含沙量变化过程。

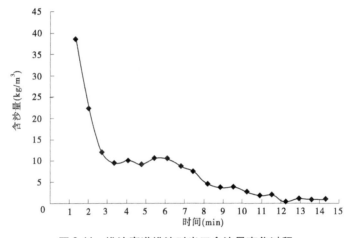

图 6-44　排沙廊道排沙时出口含沙量变化过程

从含沙量过程线可以看出, 含沙量变化最大的时间为 3 min 左右, 排沙初期的最大含沙量可达 38 kg/m³, 约 6 min 后含沙量减小至 10 kg/m³, 约 8 min 后含沙量减小至 5 kg/m³。

分析认为, 从冲沙孔开始排沙, 至沉沙池内该组冲沙孔区域泥沙大部分被清除, 需要 2～4 min; 基本清除需要 8～10 min; 而全部清除需要更长的冲沙时间。

从试验结果看出, 泥沙厚度 1.5 m 时, 沉沙池内泥沙可以通过冲沙孔排出, 排沙结束后, 排沙廊道内无泥沙淤积, 满足将泥沙排出廊道的设计要求。

6.7.3　沉沙池 3 m 淤沙厚度冲沙试验

在库水位 1 275.50 m、静水池水位 1 274.73 m 的正常引水条件下, 按 1 266.33 m 控制廊道出口水位。按沉沙池 3 m 泥沙厚度, 试验测量了第 6 组冲沙孔冲沙排沙过程。

排沙廊道排沙时出口含沙量变化过程见图 6-45。排沙初期的最大含沙量可达 84 kg/m³, 约 8 min 后含沙量减小至 10 kg/m³, 约 12 min 后含沙量减小至 5 kg/m³, 表明该段淤积泥沙已基本排完。

图 6-46 和图 6-47 为排沙结束后沉沙池和廊道内泥沙情况。可以看出, 沉沙池第 6 组冲沙孔区域的泥沙可以全部排出, 排沙结束后, 排沙廊道内无泥沙淤积。表明冲沙孔可以满足冲沙要求, 排沙廊道满足设计要求。

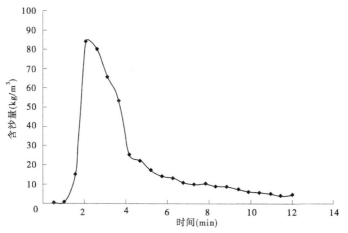

图 6-45　排沙廊道排沙时出口含沙量变化过程

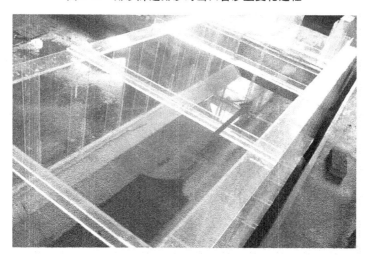

图 6-46　冲沙后沉沙池泥沙分布情况

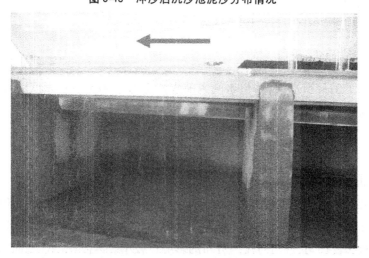

图 6-47　冲沙后廊道淤沙情况

从 3 m 泥沙厚度试验中看出,由于泥沙较厚较大,当排沙孔闸门打开后,水流击穿淤积泥沙进行排沙的难度增大。因此,建议沉沙池泥沙淤积厚度达到 1.5 m 左右时及时排沙为宜。

6.8　沉沙池首部整流栅降低方案试验

原方案三道整流栅与底板保留了 0.6 m 空隙,以防止拦污栅底部被淤积泥沙卡死。从原方案试验结果看,水流经过整流栅进入引渠后,流速分布不均匀,整流栅的整理效果没有得到充分体现。为了改善沉沙池流速分布、提高整流栅整流效果,对整流栅布置按照设计要求进行了优化,将沉沙池的进口段三道整流栅位置降低,整流栅底缘与底板之间不保留空隙。

6.8.1　沉沙池取水口引水流量

三道整流栅的位置降低后,在引水闸闸前水位 1 275.50 m,沉沙池出口段的静水池水位 1 274.73 m,在排沙廊道闸门关闭条件下,试验测量到第 7 条沉沙池引水流量为 32.5 m³/s,三道整流栅的位置降低后,单池流量减小约 3.3%。

沉沙池与静水池之间闸门部位呈一宽顶堰流态,静水池水位 1 274.73 m 时,过堰水流为自由出流,静水池水位降低对引水流量没有影响。

6.8.2　沉沙池水面线

在引水闸闸前水位 1 275.50 m、沉沙池出口段静水池水位 1 274.73 m 条件下,试验测量了三道整流栅位置降低后沉沙池进口段、池身进口连接段、池身段及出口段的沿程水面高程。结果表明,水流出引水闸后,在弯道段水面沿程略有降低,至第 1 道整流栅前水位壅高,第 1 道整流栅前后水面产生明显落差,经过三道整流栅后,池身段水面高程为 1 275.14 ～ 1 275.19 m,接近设计水面高程。

6.8.3　沉沙池流速分布

试验测量了正常引水条件,引水闸闸前水位 1 275.50 m,沉沙池出口段静水池水位 1 274.73 m 时,沉沙池池身段沿程 5 个断面的流速分布如图 6-48 所示。

从断面流速分布试验成果可以看出,整流栅位置降低后,沉沙池各断面流速分布较均匀,整流栅的整流效果明显改善,整流栅降低后,可以满足整流要求。

试验测量了引水闸闸前水位 1 275.50 m、沉沙池出口段静水池水位 1 274.73 m、沉沙池内泥沙厚度为 3 m 时,沉沙池池身段 60 m 以内三个断面的流速分布,如图 6-49 所示。从断面流速分布试验成果看出,整流栅位置降低后,在沉沙池淤沙 3 m 厚时,沉沙池测量断面流速分布比较均匀,进口对流速分布的影响比较小。因淤积后过流面积缩减,与淤沙前相比断面平均流速有所增大。初步估算断面平均流速增大约 9.2%,与面积缩减量

10.8% 基本吻合。

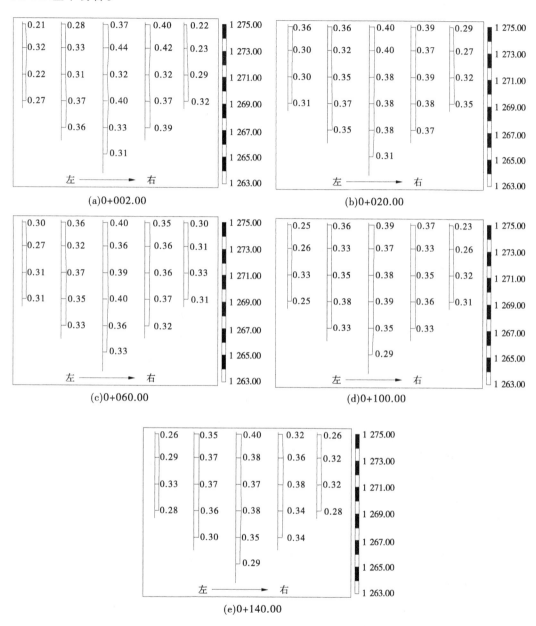

图 6-48　正常引水条件下沉沙池池身段流速分布　（单位:流速,m/s;高程,m）

6.8.4　不同闸前水位条件下闸门开度测量

试验测量了引水闸引水流量为 32.5 m³/s 时引水闸前不同水位时闸门开度,试验成果见表 6-6 和图 6-50,可供设计和实际运行参考。

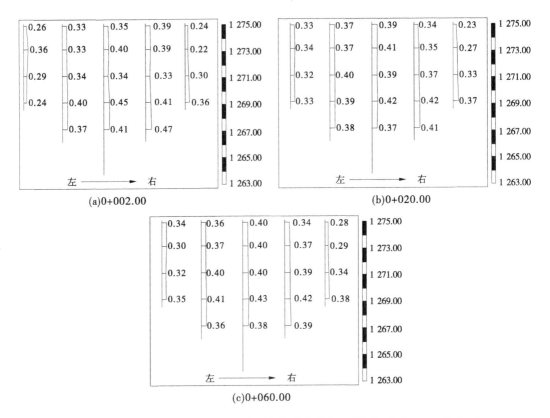

图6-49　池内泥沙厚度3 m时沉沙池池身段流速分布　（单位：流速，m/s；高程，m）

表6-6　不同闸前水位条件下的闸门开度

闸前水位（m）	引水流量（m³/s）	开度（m）
1 275.50	32.5	3.30
1 275.80	32.5	2.25
1 276.00	32.5	1.90
1 276.50	32.5	1.48
1 277.00	32.5	1.28
1 277.50	32.5	1.11
1 278.00	32.5	1.03
1 278.50	32.5	0.93
1 279.00	32.5	0.86
1 279.50	32.5	0.80
1 280.00	32.5	0.77

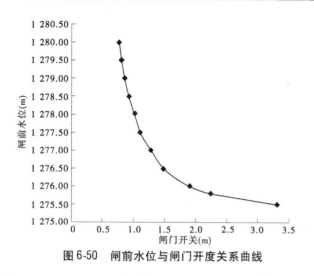

图 6-50　闸前水位与闸门开度关系曲线

6.8.5　闸前水位 1 275.50 m、闸门控泄流量 31.71 m³/s 时沉沙池流速分布

根据设计要求,试验测量了引水闸闸前水位 1 275.50 m、闸门局部开启控泄流量为 31.71 m³/s、沉沙池出口段静水池水位 1 274.73 m 条件下,沉沙池池身段沿程 5 个断面的流速分布,如图 6-51 所示。从图中可以看出,沉沙池内各断面流速分布较为均匀。由于流量减小,沉沙池各断面流速略有减小。

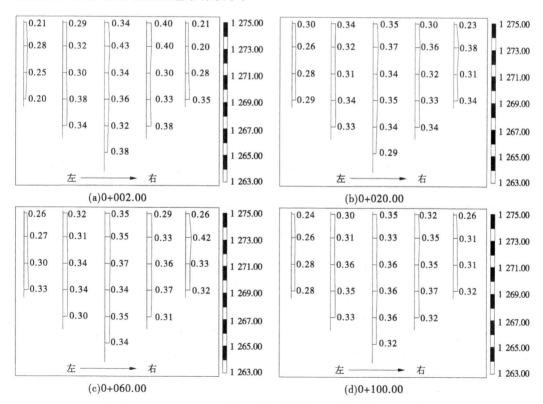

图 6-51　控泄流量时沉沙池池身段流速分布　(单位:流速,m/s;高程,m)

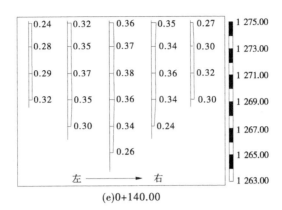

(e)0+140.00

续图 6-51

6.8.6　廊道过流能力试验

根据试验要求,在上游水位 1 275.50 m、静水池水位 1 274.73 m、廊道出口水位 1 261.00 m 试验条件下,对新增第 7 条沉沙池分别进行 1~6 组冲沙孔运用时廊道过流能力试验观测。各组冲沙孔冲沙流量结果见表 6-7。

表 6-7　正常引水条件下廊道出口 1 261.00 m 时冲沙流量

冲沙孔编号	1	2	3	4	5	6
冲沙流量 （m³/s）	18.74	17.76	17.32	16.49	15.87	15.14
排沙廊道长度 （m）	150.8	175.8	200.8	225.8	250.8	275.8

可以看出,1~6 组冲沙孔冲沙运用时廊道过流流量依次减小。分析认为,流量减小的主要原因是廊道长度依次增加,沿程损失相应增加引起过流能力减小。另外,不同冲沙孔运用时,廊道沿程边壁条件改变对廊道过流能力也有一定影响。

6.8.7　补充冲沙试验

按照补充试验要求,沉沙池中泥沙厚度 1.5 m,闸前水位 1 275.50 m,净水池水位 1 274.73 m,廊道出口水位 1 261.00 m 条件下,对沉沙池冲沙孔排沙过程及时间等进行了试验观测,图 6-52 为冲沙前沉沙池内流态与铺沙情况。

试验分别观测了冲沙孔上方泥沙大部分清除(见图 6-53)及冲沙段泥沙几乎完全清除(各段连接处仍有少量泥沙残留)(见图 6-54)冲沙用时。6 组冲沙系统冲沙结束后沉沙池中残留泥沙情况见图 6-55。

表 6-8 为两种工况下各冲沙孔冲沙用时。试验观测到冲沙段孔口上方泥沙已经清除，用时 1.33 ~ 3.08 min；冲沙段泥沙基本清除（各段连接处仍有少量泥沙残留），冲沙用时 4.22 ~ 7.22 min。

图 6-52　冲沙前沉沙池内流态与铺沙情况

图 6-53　开启第 1 组排沙系统大部分清除

图 6-54　开启第 1 组排沙系统几乎完全清除

图 6-55　冲沙结束后沉沙池中残留泥沙情况

表 6-8　两种工况下各冲沙孔冲沙用时试验成果　　　　　（单位:min）

冲沙孔编号	1	2	3	4	5	6
大部分清除	1.33	1.08	1.82	2.18	2.27	3.08
基本清除	4.22	4.55	5.2	6.07	6.32	7.22

按照各段泥沙几乎完全清除所用时间,冲沙孔相应的冲沙流量计算得冲沙用水量如表 6-9 所示。

表 6-9　冲沙用水量计算结果　　　　　（单位:m³）

冲沙孔编号	1	2	3	4	5	6	总水量
用水量	4 810	4 859	5 398	6 009	6 029	6 541	33 646

由于沉沙内泥沙淤积过程不同,泥沙沉积情况、淤沙级配亦很难完全一致,因此工程设计可参考上述试验冲沙时间、计算的用水量试验成果,结合工程实际进行适当调整。

6.9　结论与建议

(1)正常蓄水位 1 275.50 m,单条沉沙池引水闸引水流量为 33.6 m³/s。三道整流栅位置调整后,引水流量为 32.5 m³/s,较整流栅调整前减小约 3.3%。

(2)引水闸正常水位运用时,沉沙池水流表面比较平稳。引水闸高水位运用时,沉沙池进口段水面波动加剧,最大波动幅度达到 0.66 m,水流经过整流栅进入沉沙池后,水面波动较小,沉沙池池身段水面最大波动约 0.1 m。

(3)沉沙池上游段各断面流速分布不均匀,在沉沙池前段 100 m 断面流速分布均为底部大、表面小,影响沉沙池的沉沙效果。设计方案优化后,沉沙池内流速分布均匀,建议设计采用。

(4)试验测量了沉沙池冲沙孔冲沙流量,按正常引水试验条件:上游水位 1 275.50 m、静水池水位 1 274.73 m、廊道出口水位 1 261.00 m,自第 1 组至第 6 组冲沙流量随冲沙孔口与廊道出口距离增加依次减小,冲沙孔冲沙流量变化范围为 15.1~19 m³/s。

(5)沉沙池 1.5 m 泥沙厚度,排沙廊道出口水位 1 261.00 m,沉沙池内泥沙基本清除时,第 1 组至第 6 组冲沙孔冲沙时间需要 4~8 min,6 组冲沙孔循环运用一次用水量约 3.4 万 m³。

(6)根据冲沙试验结果,在试验条件下,排沙孔开启,大部分淤积泥沙可以随冲沙水流通过排沙廊道排向下游。

（7）沉沙池 3 m 淤沙厚度，排沙廊道出口水位 1 266.33 m，第 6 组冲沙系统冲沙时间需要 12 min。试验分析认为，沉沙池淤沙厚度过大，冲沙时间、冲沙难度及冲沙控制复杂性相应增加。另外，3 m 淤沙压缩过流面积，断面流速也相应增大，降低沉沙效果。建议沉沙池泥沙淤积厚度达到 1.5 m 左右时，开始进行排沙运用为宜。

参 考 文 献

［1］中华人民共和国水利部.水工(常规)模型试验规程:SL 155—95[S].北京:中国水利水电出版社,
    1995.
［2］黄河水利委员会水利科学研究所.陆浑水库电站调压塔、管道水锤水工模型试验[R].郑州:黄河水
    利委员会水利科学研究院,1975.
［3］黄河水利科学研究院.黄河小浪底枢纽工程电站系统水力学模型试验初步成果[R].郑州:黄河水
    利科学研究院,1990.
［4］武汉水利电力学院水力学教研室.水力学[M].北京:人民教育出版社,1974.
［5］武汉水利电力学院水力学教研室.水力计算手册[M].北京:水利出版社,1980.
［6］中华人民共和国水利部.河工模型试验规程:SL 99—95[S].北京:中国水利水电出版社,1995.
［7］窦国仁.全沙模型相似律及设计实例[C]∥泥沙模型报告汇编.武汉:长江水利水电科学研究院,
    1978.
［8］黄河水利科学研究院.小浪底水库电站防沙模型试验报告[R].郑州:黄河水利科学研究院,1985.
［9］李书霞,张俊华,陈书奎,等.小浪底水库模型验证试验及模型评价报告[R].郑州:黄河水利科学研
    究院,2002.
［10］张俊华,王国栋,陈书奎,等.三门峡库区模型验证试验报告[R].郑州:黄河水利科学研究院,
    1997.
［11］武彩萍,林秀芝,陈俊杰,等.黄河小北干流连伯滩放淤试验工程淤区实体模型试验研究报告[R].
    郑州:黄河水利科学研究院,2005.
［12］厄瓜多尔CCS水电站首部枢纽引渠及冲沙闸泥沙模型试验报告[R].郑州:黄河水利科学研究院,
    2012.